内蒙古自治区科尔沁右翼前旗
家畜常见疫病防控指南

● 王明珠　主编

中国农业科学技术出版社

图书在版编目（CIP）数据

内蒙古自治区科尔沁右翼前旗家畜常见疫病防控指南/王明珠主编.—北京：中国农业科学技术出版社，2015.12

ISBN 978-7-5116-2216-7

Ⅰ.①内… Ⅱ.①王… Ⅲ.①家畜—动物疾病—防治—科尔沁右翼前旗—指南 Ⅳ.① S858.2-62

中国版本图书馆 CIP 数据核字（2015）第 180178 号

责任编辑	李 雪 徐定娜 郑 瑛
责任校对	贾晓红

出　　版	中国农业科学技术出版社
	北京市中关村南大街 12 号　　邮编：100081
电　　话	（010）82109707　82105169（编辑室）
	（010）82109702（发行部）　（010）82109709（读者服务部）
传　　真	（010）82106650
网　　址	http://www.castp.cn
经　　销	各地新华书店
印　　刷	北京富泰印刷有限责任公司
开　　本	880mm×1 230mm　1/32
印　　张	9.375
彩　　插	2 面
字　　数	227 千字
版　　次	2015 年 12 月第 1 版　2015 年 12 月第 1 次印刷
定　　价	46.00 元

内蒙古自治区科尔沁右翼前旗
家畜常见疫病防控指南

编委会

主　任：白吉雅

副主任：吴卫杰　郑耀辉　马德海

成　员：于春林　于乌云　王　义　王　强　王永崇

　　　　白学军　巴力吉　吴建军　孙丽华　陈伟琴

　　　　刘　学　张志军　高广彬　赵清国　倪　伟

　　　　额日德木图　谢春林　褚永胜

主　编：王明珠

　　　　（科尔沁右翼前旗动物疫病预防控制中心主任）

副主编：王巧玲　韩永林　刘俊杰　孙庆宇　常塔娜

序

　　《内蒙古自治区科尔沁右翼前旗家畜常见疫病防控指南》一书由王明珠同志主持编写。全书分上篇、中篇、下篇。上篇是家畜常见疫病防治基础知识，介绍了家畜常见传染病、寄生虫病和中毒等病的防治方法。中篇是基层家畜常见疫病防治经验，收集了王明珠和他的工作团队从事家畜疫病防控工作36年来发表在各级专业刊物上的26篇论文，包括家畜传染病防治技术方面10篇、寄生虫防治技术方面12篇、中毒的防治技术方面4篇。下篇是动物防疫法律法规选录，选录了14个基层疫病防治工作中常用的现行法律法规，有助于提高依法依规加强疫病防控工作。

　　《内蒙古自治区科尔沁右翼前旗家畜常见疫病防控指南》一书具有很强的专业特点和非常明显的地域特色。内蒙古自治区兴安盟科尔沁右翼前旗有天然草原122.73万公顷，可利用草原面积达到108.8万公顷，全旗多年来家畜总头数保持在330万头（只）左右，2015年达到470万头（只），居自治区旗县级的前茅。王明珠和他的团队日夜守候在这片广袤的草原上。书中记载的是草原上的畜牧科技工作者在家畜防治工作中的做法、经验和体会，带有内蒙古北部草原的气息。论文是他们常年深入草原牧区，在畜牧业生产第一线，围绕家畜常见病、多发病，积极主动开展研究和探索，解决了家畜多项疫病难题的经验积累和实践总结。

《内蒙古自治区科尔沁右翼前旗家畜常见疫病防控指南》一书有很强的针对性和指导性。本书论文中所记述的全部案例，都是科尔沁右翼前旗草原农牧民家畜养殖过程中疫病防控的经历，是草原上畜牧业生产中发生的事。书中关于家畜常见疫病防治基础知识的所有内容，都是农牧民家畜养殖过程中必然要遇到和迫切需要解决的问题。所以说，本书就是科尔沁右翼前旗发展畜牧业、解决养殖业中的家畜常见疫病防控指南，对当地家畜疫病防治工作的开展有很好的科普意义，特别是以病例示范的方式向读者介绍了家畜常见传染病、寄生虫病和中毒等病的防治方法，值得各级动物防疫员、动物卫生监督员、农牧民、职业高中教学人员、动物门诊和兽药饲料经营管理者学习与借鉴。

《内蒙古自治区科尔沁右翼前旗家畜常见疫病防控指南》一书内容丰富，资料翔实，语言通俗，逻辑性强，易于学习、掌握和应用，有助于提高动物防疫员和农牧民的素质，使其在畜牧业生产中更好地控制疫病，达到畜牧业生产提质提效的目的。

李辉

2015.5.16.

内蒙古自治区兴安盟兽医局局长

● 调研掠影 ●

入户宣传

核对数据

临床检查

生产情况调查

领导班子合影

现场指导

驱虫

深入牧区宣传防疫

血清学检验

调研团队部分成员合影

目　录

上　篇　家畜常见疫病防控基础知识

● 家畜传染病基础知识 ●

● 家畜寄生虫病防控基础知识 ●

中　篇　家畜常见疫病防控经验

● 传染病的防控 ●

● 寄生虫病的防控 ●

● 中毒病的防控 ●

下 篇　动物防疫法律法规选录

附　录

采风札记

编　后　语 ················· 285

上 篇

家畜常见疫病防控基础知识

· 家畜传染病基础知识 ·

家畜传染病的发生与特性

凡是由致病微生物引起的，具有一定的潜伏期和临床症状，并具有传染性的家畜疾病称为家畜传染病。传染病的表现虽然多种多样，但亦具有一些共同特性。这些特性有 5 个方面。

一、传染病病程的发展阶段的特异性

传染病是在一定的环境条件下由病原微生物与家畜机体相互作用所引起的。病原微生物有细菌、真菌、放线菌、病毒、螺旋体、立克次体、支原体及衣原体等八大类，它们个体小、结构简单、种类繁多、繁殖迅速、代谢旺盛、适应性强，广泛分布在空气、土壤、水、动植物及人体。每一种传染病都有它的共性和特异性，如猪瘟病是由猪瘟病毒引起的，没有猪瘟病毒就不会发生猪瘟病。猪瘟病毒只能引起猪发病，这就是它的特异性。

二、传染病具有传染性和流行性

从患传染病的家畜体内排出的病原微生物，侵入另一有易感性的健康家畜体内，能引起同样症状的疫病为传染性。当环境条件适宜时，在一定时间内，某一地区易感家畜群中可能有许多家畜感染，致使传染病蔓延传播为流行性。

三、被感染的机体发生特异性反应

在传染病发展过程中由于病原微生物的抗原刺激作用，被感染的机体可以产生特异性抗体和变态反应等。这种改变可以用血清学

方法等特异性反应检查出来。

四、耐过家畜能获得特异性免疫

当家畜耐过传染病后，在大多数情况下均能产生特异性免疫，使机体在一定时期内或终生不再患该种传染病。

五、具有特征性的临床症状

大多数传染病都具有该种疫病特征性的症状、一定的潜伏期和病程经过。（如猪丹毒，一般架子猪和育肥猪多发病，以夏天发病较多，临床表现为体温升高达 42℃或更高，不食、便秘、皮肤有圆形、菱形疹块，俗称打火印，它的潜伏期一般为 1 ～ 7 d，平均 3 ～ 5 d，急性型一般多在 2 ～ 4 d 内死亡。）

家畜传染病病程的发展阶段

家畜传染病的发展过程在大多数情况下具有一定的规律性，大致可以分为潜伏期、前驱期、明显期和转归期4个阶段。

一、潜伏期

从病原体侵入机体开始至最早临床症状出现为止的期间称为潜伏期。不同的传染病其潜伏期的长短是不相同的，就是同一种传染病的潜伏期长短也有很大的变动范围。这是由于不同的家畜种属、品种或个体的易感性不同，侵入病原体的种类、数量、毒力和侵入途径、部位等不同而出现的差异。（如牛的结核病，潜伏期一般 15～45 d，牛羊的布病一般 14～180 d，狂犬病人感染后潜伏期 42～63 d）。

二、前驱期

从开始出现临床症状，到出现主要症状为止的时期，称为前驱期。其特点是临床症状开始表现出来，如体温升高、食欲减退、精神沉郁、生产性能下降等，但该病的特征性症状仍不明显。

三、明显期

从开始出现临床症状，到出现主要症状为止的时期，明显期是疾病发展的高峰阶段，这个阶段因为很多有代表性的特征性症状相继出现，在诊断上比较容易识别。（如牛羊的布病在这其期间就表现为公畜的睾丸肿大，关节肿大，母畜造成流产，牛常发生在怀孕 5～7 个月，羊发生在怀孕 3～4 个月，猪常发生在怀孕 35～50 d；口蹄疫在这个阶段出现体温升高 40～41℃，流涎，1～2 d 后口腔内可见口唇内面、齿龈及舌面发生圆形水泡，经一夜后，水泡破裂，形成浅表边缘整齐的红色烂斑，病牛由于疼痛采食和反刍停止，体

弱者因不能吞咽饲料，抵抗力下降，而导致病毒侵入心肌引起急性心肌炎而死亡。）

四、转归期

疾病进一步发展为转归期。如果病原体的致病性增强，或家畜体的抵抗力减退，则传染过程以家畜死亡为转归。如果家畜体的抵抗力增强，临诊症状逐渐消退，正常的生理机能逐步恢复，则传染过程以家畜康复为转归。

家畜传染病流行的"三要素"

家畜传染病的一个基本特征是能在家畜之间通过直接接触或间接接触互相传染，形成流行。病原体由传染源排出，通过各种传播途径，侵入另外易感家畜体内，形成新的传染源，并继续传播形成群体感染发病的过程称为家畜传染病流行过程。传染病流行必须具备"三要素"，一是传染源，二是传播途径，三是易感家畜。当这"三要素"同时存在时，就会造成传染病的发生和流行。

一、传染源

传染源是指体内有病原体寄居、生长、繁殖，并能将其排到体外的家畜。具体说传染源就是受感染的家畜。传染源一般可以分为患病家畜和病原携带者两种类型。患传染病的家畜，多数在发病期能排出大量毒力强大的病原体，其传染性很强，所以是主要的传染源。病原携带者是指体内有病原体寄居、生长和繁殖并有可能排出体外而无症状的家畜或人。

二、传播途径

病原体由传染源排出后，经一定的方式再侵入其他易感家畜所经的途径称为传播途径。传播途径可分四大类。

1. 水平传播

即传染病在群体之间或个体之间横向传播。水平传播可分为直接接触和间接接触传播两种。

2. 直接接触传播

被感染的家畜与易感家畜或人直接接触（交配、舐咬等）而引起感染的传播方式称为直接接触传播。以直接接触为主要传播方式的传染病为数不多，狂犬病具有代表性，通常只有被患病家畜直接

咬伤并随着唾液将狂犬病病毒带进家畜体内，才有可能引起狂犬病传染。

3. 间接接触传播

易感家畜或人接触传播媒介而发生感染的传播方式称为间接接触传播。将病原体传播给易感家畜的中间载体称为传播媒介。传播媒介可能是生物（媒介者），如蚊、蝇、牛虻、蜱、鼠、鸟、人等；也可能是无生命的物体（媒介物或称污染物），如饲养工具、运输工具、饲料、饮水、畜舍、空气、土壤等。

4. 垂直传播

即母体所患的疫病或所带的病原体，经卵、禽（蛋）、胎盘传播给子代的传播方式。大多数传染病如口蹄疫、牛瘟、猪瘟、鸡新城疫等以间接接触为主要传播方式，同时也可以通过直接接触传播。两种方式都能传播的传染病也可称为接触性传染病。

在正常的养殖过程中，饲养人员和兽医工作者等在工作中如不注意遵守卫生消毒制度，或消毒不严时，在进出患病家畜和健康家畜的圈舍时可将手上、衣服、鞋底沾染的病原体传播给健康家畜；兽医使用的体温计、注射针头以及其他器械如消毒不彻底就可能成为马传染性贫血、猪瘟、炭疽、鸡新城疫等疫病的传播媒介。

三、易感染家畜

是指家畜对于某种传染病病原体感受性的大小。该地区畜禽中易感染家畜中个体所占的百分率，直接影响到传染病是否能造成流行以及疫病的严重程度。家畜易感染性的高低与病原体的种类和毒力强弱有关，但主要还是由畜体的遗传特性等内在因素、特异免疫强度决定的。外界环境条件如气候、饲料、饲养管理、卫生条件等因素都有可能直接影响到畜群的易感性和病原体的传播。

家畜传染病防治六个措施

家畜养殖户要采取六个措施，做好家畜传染病的防治工作。

一、家畜的隔离饲养

有一定规模的集中养殖家畜的牧户，要实行分圈舍隔离饲养。目的是防止或减少有害生物体（病原微生物、寄生虫、虻、蚊、蝇、鼠等）进入和感染健康家畜群，防止从外界传入疫病。

二、建设符合家畜防疫条件的饲养场

家畜饲养场要分区规划，生活区、生产管理区、辅助生产区、生产区、病死家畜和污物、污水处理区，应严格分开并相距一定距离；生产区应按人员、家畜、物资单一流向的原则安排建设布局，防止交叉感染；栋与栋之间应有一定距离；净道和污道应分设，互不交叉；生产区大门口应设置值班室和消毒设施等。

三、要建立严格的卫生防疫管理制度

严格管理人员、车辆、饲料、用具、物品等流动和出入，防止病原微生物侵入家畜饲养场。

四、要严把引进家畜关

凡需从外地引进家畜，必须首先调查了解产地传染病流行情况，以保证从非疫区健康家畜群中购买；再经当地家畜检疫机构检疫，签发检疫合格证后方可启运；到饲养地后，隔离观察30天以上，在此期间进行临床观察、实验室检查，确认健康无病，方可混群饲养，严防带入传染源。

五、定期开展检疫和疫情监测

通过检疫和疫情监测，及时发现患病家畜和病原携带者，以便及时清除，防止疫病传播蔓延。

六、科学使用药品预防

使用化学药物防治家畜群体疾病，可以收到有病治病，无病防病的功效，特别是对于那些目前没有有效的疫苗可以预防的疾病，使用化学药物防治是一项非常重要的措施。（如牛舍及用具每星期用瘟毒灵或强力消毒灵 1∶400 倍液稀释，进行喷洒消毒，也可用 3% 的烧碱溶液进行消毒）

家畜圈舍管理五个措施

一、消 毒

建立科学的消毒制度，认真执行消毒制度，及时消灭外界环境（圈舍、运动场、道路、设备、用具、车辆、人员等）中的病原微生物，切断传播途径，阻止传染病传播蔓延。

二、杀 虫

虻、蝇、蚊、蜱等节肢昆虫是家畜传播疫病的重要媒介。因此，杀灭这些媒介昆虫，对于预防和扑灭家畜传染病有重要的意义。

三、灭 鼠

鼠类是很多种人、畜传染病的传播媒介和传染源。因此，灭鼠对于预防和扑灭传染病有着重大意义。

四、实行"全进全出"饲养制

同一饲养圈舍只饲养同一批次的家畜，同时进、同时出，同一饲养圈舍家畜出栏后，经彻底清扫，认真清洗，严格消毒（火焰烧灼、喷洒消毒药、熏蒸等），并空置圈舍半个月以上，再饲养另一批家畜，可消除连续感染、交叉感染。

五、防止污染

严防饲料、饮水被病原微生物污染。

提高家畜的抵抗力三个途径

一、科学饲养

科学饲养，喂给全价、优质饲料，满足家畜生长、发育、繁殖和生产需要，增强家畜抵抗力。

二、科学管理

家畜圈舍保持适宜的温度、适宜的湿度、适宜的光照、通风，给家畜创造一个适宜的环境，增强家畜的抵抗力和免疫力。

三、免疫接种

要按照家畜防疫部门的安排及时给家畜接种疫苗，使家畜机体产生特异性抵抗力，让易感染家畜转化为不易感染家畜。

家畜传染病扑灭六个措施

一、疫情报告

属于以下几种情况必须报告：当地新发现的传染病；属于死灰复燃的传染病；法定的传染病或国外已有，但国内首次发生的传染病；常见但引起较大的经济损失的传染病凡须报告。

1. 一类动物疫病

发生一类动物疫病时，当地县级以上地方人民政府畜牧兽医行政管理部门应当立即派人到现场，划定疫点、疫区、受威胁区，采集病料，调查疫源，及时报请同级人民政府决定对疫区实行封锁，将疫情逐级上报国务院畜牧兽医行政管理部门。县级以上地方人民政府应当立既组织有关部门和单位采取隔离、扑杀、销毁、消毒、紧急免疫接种等强制性控制并通报毗邻地区。在封锁期间，禁止染疫和疑似染疫的动物、动物产品流出疫区，禁止非疫区的动物进入疫区，并根据扑灭动物疫病的需要对出入封锁区的人员、输工具及有关物品采取消毒和其他限制性措施。

畜禽一类疫病有有 14 种。其中，感染多种动物的 1 种：口蹄疫；仅感染反刍动物的 7 种：牛瘟、传染性胸膜肺炎、牛海绵状脑病、痒病、蓝舌病、小反刍兽疫、绵羊痘和山羊痘；感染马的 1 种：非洲马瘟；仅感染猪的 3 种：猪水泡病、猪瘟、非洲猪瘟；感染禽类的 2 种：禽流行性感冒（高致病性禽流感）、鸡新城疫。

2. 二类动物疫病

发生二类动物疫病时，当地县级以上地方人民政府畜牧兽医行政管理部门应当划定疫点、疫区、受威胁区。县级以上地方人民政府应当根据需要组织有关部门和单位采取隔离、扑杀、销毁、消毒、

紧急免疫接种。限制易感染的动物、动物产品及有关物品出入等控制、扑灭措施。

畜禽二类疫病：有 61 种。其中，多种动物共患病 9 种：伪狂犬病、狂犬病、炭疽、魏氏杆菌病、副结核病、布鲁氏菌病、弓形体病、棘球蚴病、钩瑞螺旋体病。感染牛的病 8 种：牛传染性鼻气管炎、牛恶性卡他热、牛白血病、牛出血性败血病、牛结核病、牛焦虫病、牛锥虫病、日本血吸虫病。感染绵羊和山羊疫病 2 种：山羊关节炎脑炎、梅地－维斯纳感染猪疫病 10 种：猪乙型脑炎、猪细小病毒病、猪繁殖与呼吸综合征、猪丹毒、猪肺疫、猪链球菌病、猪传染性萎缩性鼻炎；猪支原体肺炎、旋毛虫病、猪囊尾蚴病。感染禽二类疫病 14 种：鸡传染性喉气管炎、鸡马立克氏病、鸡传染性支气管炎、禽白血病、小鹅瘟、鸡传染性法氏囊病、禽痘、鸭瘟、鸭病毒性肝炎、鸡产蛋下降综合征、禽霍乱、鸡白痢、败血支原体感染、球虫病。感染兔的疫病 4 种：兔病毒性出血病、兔黏液瘤病、野兔热、（兔球虫病）。感染马的疫病 5 种：马传染性贫血、马鼻疽、马流行性淋巴管炎、（伊氏锥虫病、巴贝斯焦虫病）。

3. 三类动物疫病

发生三类动物疫病时，县级、乡级人民政府应当按照动物疫病预防计划和国务院畜牧兽医行政管理部门的有关规定，组织防治和净化。

畜禽三类疫病：有 41 种。其中，多种动物共患病 6 种：黑腿病、李氏杆菌病、类鼻疽、放线菌病、（肝片吸虫病、丝虫病）感染牛的疫病 5 种：牛流行热、牛病毒性腹泻／黏膜病、牛生殖器弯曲杆菌病、（毛滴虫病、牛皮蝇蛆病）。感染绵羊和山羊疫病 8 种：肺腺瘤病、地方性流产、传染性脓疱皮炎、腐蹄病、传染性眼炎、肠毒血

症、干酪性淋巴结炎、（绵羊疥癣）。感染猪的三类疫病 3 种：猪传染性胃肠炎、猪副伤寒、猪密螺旋体痢疾。感染禽的三类疫病 5 种：鸡病毒性关节炎、传染性鼻炎、禽传染性脑脊髓炎、禽结核病、禽伤寒。感染马的疫病 5 种：马流行性感冒、马腺疫、马鼻肺炎、溃疡性淋巴管炎、（马媾疫）；感染鱼类疫病 2 种；感染其他动物疫病 7 种。

二、隔离和封锁

隔离：将有病的动物剔出，限制其活动，防止传染源的扩散。

隔离的方法：将畜群分为 3 类：病畜：选择偏僻、易于消毒处，专人护理，用具固定，注意对场所、用具、护理员的消毒，出入口设消毒池，粪便无害化处理，其他闲杂人员动物避免接近。

疑似病畜：与传染源有密切的接触，但无症状。消毒后转移他处，限制活动，详加观察，及时分化，可紧急接种和投药。

假定健康畜：实行紧急预防接种，与以上两类动物分开饲养或转移偏僻地，加强消毒。

封锁的原则：早、快、严、小。

封锁的对象：一类传染病或流行猛烈、危害大的传染病。

封锁的措施：针对三个基本环节（传染源、传播途径、易感动物）采取措施。

三、消毒和灭菌

消毒是切断传染病传播途径的重要措施。消除或杀灭外环境中的病原微生物，使其达到无害化的处理叫消毒。消毒是针对病原微生物，并不要求消除或杀灭所有微生物。消毒是相对的而不是绝对的，它只要求将有害微生物的数量减少到无害的程度，而并不要求把所有有害微生物全部杀灭。

灭菌指杀灭或去除外环境中一切微生物的处理称为灭菌。这里所说的一切微生物，包括一切致病的和非致病的微生物，亦包括细菌芽孢和一些原虫。消毒是相对的，灭菌则是绝对的。灭菌意为完全杀灭或去除灭菌物品上的一切微生物。

物理消毒法：用物理因子杀灭或消除病原微生物的方法叫物理消毒法。

热力消毒和灭菌：① 干热：干烤（电热、红外、微波）烧灼、焚烧。② 湿热：煮沸、流通蒸汽、低热消毒（巴氏消毒）、间歇灭菌（廷德尔灭菌）、压力蒸汽灭菌（下排气、预真空）。

紫外线消毒：用于室内空气消毒，每 $10 \sim 15\ cm^2$ 面积可设 30 W 灯管一个，灯管距地面 $2.0 \sim 2.5\ m$，照射 2 h。

化学消毒法：用消毒剂溶液浸泡、擦拭、喷洒或进行气溶胶喷雾。用其气体或烟雾进行熏蒸：杂环类气体消毒剂、甲醛、过氧乙酸、复合亚氯酸钠。

常用消毒方法：畜舍：污物、垫料、粪便等烧毁、深埋，或堆积发酵。门窗地面、墙壁、饲槽、用具等，用下列药品消毒或洗刷：$10\% \sim 20\%$ 生石灰乳剂；$5\% \sim 20\%$ 漂白粉溶液；$2\% \sim 10\%$ NaOH 溶液；$3\% \sim 5\%$ 来苏儿溶液；$2\% \sim 5\%$ 福尔马林溶液；复合亚氯酸钠安说明书使用。每天消毒 3 次，每次间隔 2 h。

空气消毒：先移走动物，然后采用以下药物和浓度：过氧乙酸，$1 \sim 3\ g/m^3$，配成 $3\% \sim 5\%$ 溶液，加热熏蒸，相对湿度 $60\% \sim 80\%$，密封 1 h；福尔马林，$15\ mL/m^3$，加水 80 mL，加热蒸发，消毒 4 h；高锰酸钾 $7 \sim 21\ g/m^3$，加入 $14 \sim 42\ mL$ 福尔马林进行熏蒸消毒，密闭门窗 7 h 以上，室温一般不应低于 15℃，相对湿度应为 $60\% \sim 80\%$。尸体：焚烧，针对重大传染病或炭疽杆菌感

染的动物尸体。掩埋：选较高燥、偏僻（远离居民点、水井、道路、放牧地、河流）。车辆：一般性污染，先清扫，然后焚烧粪便、污染物，用 2% 热 NaOH 溶液或 5% 漂白粉溶液或 0.5% 过氧乙酸喷洒洗刷。炭疽、气肿疽等芽胞污染：先在指定处，洒消毒液，再清扫，然后焚烧粪便、污染物；再用 10% 热 NaOH 或 20% 漂白粉溶液喷洒洗刷，冲洗 3 次，每次间隔 30 ～ 60 min。

根据消毒的目的，消毒可分为预防性消毒和疫源地消毒。预防性消毒是指在未发现传染病源的情况下，对有可能被病原微生物污染的场所、物品和人体进行的消毒。预防性消毒可有效地减少传染病的发生。疫源地消毒是指对存在或曾经存在传染源及被病原体污染的场所进行的消毒，其目的是杀灭或清除传染源排出的病原体。熏蒸消毒常用的熏蒸剂及其使用方法。

四、传染病免疫预防

免疫程序：即根据动物种类、疫苗性质确定免疫的时间、次数及其间隔等方案，以达到保护动物免受感染的目的。

免疫程序的主要依据：① 当地疫情；② 疾病性质；③ 动物用途；④ 母源抗体高低；⑤ 疫苗的性质。

五、受威胁区要严密防范，防止疫病传入

受威胁区要采取对易感家畜进行紧急免疫接种，管好本区人、畜，禁止出入疫区，加强环境消毒、疫情监测，及时掌握疫情动态。

六、解除封锁

在最后一头患病家畜急宰、扑杀或痊愈并且不再排出病原体时，经过该病一个最长潜伏期，再无疫情发生时，经全面的、彻底的终末消毒，再经家畜防疫监督机构验收后，由原决定封锁机关宣布解除封锁。

常用兽用生物制品的注意事项

事项一：使用前，应仔细查阅使用说明书与瓶签是否相符，不符者严禁使用并及时与厂方联系。明确装量、稀释液、稀释度、每头剂量、使用方法及有关注意事项。应严格按说明书要求使用，以免影响效果，造成不必要的损失。

事项二：使用前，应了解药品的生产日期，失效日期，储运方法及时间，特别注意是否因高温、日晒、冻结、长霉、过期等造成药品失效的各种有关因素。见玻璃瓶裂纹，瓶塞松动，以及药品色泽物理性状等与说明书不一致的药品不得使用。

事项三：各种生物药品储运温度均应符合说明书要求，严防日晒及高温，特别是冻干苗，要求低温保存，稀释后更易失效，用冷水降温，亦应在四小时内用完。氢氧化铝及油乳剂苗不能结冻，否则降低或失去效力。

事项四：预防注射过程应严格消毒，注射器应洗净、煮沸，针头应逐头更换，更不得一支注射器混用多种疫苗。稀释疫苗时用专用注射器抽取，可用一次性灭菌针头，插在瓶塞上不拔出，吸出的药液不应再回注瓶内，吸药前，先除去封口的胶蜡。免疫弱毒菌苗前后 10 天内不得使用抗菌素及磺胺类等抗菌抑菌药物。

事项五：液体疫苗使用前应充分摇匀，每次吸苗前再充分振摇；冻干疫苗稀释后，充分振摇，必须全部溶解，方可使用。吸苗前亦应充分摇匀。

事项六：使用抗病血清，应正确诊断，早期治疗。血清应先少量注射，半小时后无过敏反应，再按规定使用，如发生过敏反应及时注射肾上腺素急救。弱毒活疫苗，一般均具有残余毒力，能引起一定的免疫反应，尤以敏感家畜为甚，在首次使用地区或对良种家畜，可能引起严重反应，正在潜伏期的家畜使用后，可能激发病情甚至引起死亡，为此，在全面开展防疫之前应对每批苗进行约 30 头畜禽的安全试验，并观察 14 d。纯种家畜，更应慎重使用。确认安全后，方可全面展开防疫。使用完的废弃物（瓶、针头、药棉）应进行无害处理。

事项七：牛、羊弱毒口蹄疫疫苗严禁给猪使用。否则将引起猪只死亡造成损失。疫苗只能防病，不能治病，抗病血清用于病初治疗或紧急预防。每种生物药品只对相应的疫病有效，而对其他传染病无效。

事项八：使用时请登记疫苗批号、注射地点，日期和畜（禽）数。并保存同批样品两瓶，留样期不少于免疫后 2 个月。如有不良反应和异常情况，以及对产品的意见，通告厂方，以便及时处理或改进。如发生严重反应或死亡，并怀疑药品有问题时，除速将详细情况通知本中心外，并以冷藏包装寄原封同批制品两瓶到我中心，以便送厂方检查原因。

事项九：使用"中试产品"时，应按规定申报，待批准后购入，同时应谨慎，注意生产厂家和中试文号，并与生产厂家签订责任事故赔偿协议。

事项十：兽医检测和防疫人员在使用疫苗的过程中应注意自身的防护，特别是使用人畜共患病疫苗及活疫苗时，尤应谨慎小心，严格遵守操作规范，及时做好自身的消毒、防护工作。废弃的针管、针头、生物制品容器都应作无害化处理。

畜禽生物制品使用方法

畜禽生物制品使用方法一览表

通用名称	作用与用途	用法与用量	贮藏与有效期
口蹄疫病毒O型、亚洲I型二价灭活疫苗	用于预防牛、羊O型、亚洲I型口蹄疫。免疫期为4～6个月	牛颈部肌肉注射，每头2 mL；羊后肢肌肉注射，每只1 mL	在2～8℃保存，有效期为12个月
口蹄疫O型、亚洲I型、A型三价灭活疫苗	用于预防牛、羊O型、亚洲I型、A型口蹄疫。免疫期为6个月	肌肉注射。每头牛1 mL；每只羊0.5 mL	在2～8℃保存，有效期为12个月
猪口蹄疫O型合成肽疫苗	用于预防猪O型口蹄疫。免疫期为6个月	充分摇匀后，每头猪耳根后肌肉深层注射1 mL。每1次接种后，间隔4周再接种1次，此后每间隔4～6个月再加强接种1次	在2～8℃保存，有效期为12个月
猪繁殖与呼吸综合征灭活疫苗	用于预防高致病性猪蓝耳病	耳后部肌肉注射。3周龄及以上仔猪，每头2 mL，根据当地疫病流行状况，可在首次免疫后28日加强免疫1次；母猪，配种前接种4 mL；种公猪，每隔6个月接种1次，每次4 mL	在2～8℃保存，有效期暂定为12个月
猪瘟、猪丹毒、猪多杀性巴氏杆菌病三联活疫苗	用于预防猪瘟、猪丹毒、猪多杀性巴氏杆菌病（即猪肺疫）。猪瘟免疫期为12个月，猪丹毒和猪肺疫免疫期为6个月	肌肉注射。按瓶签注明头份，用生理盐水稀释成1头份/mL。断奶半个月以上的猪，每头1.0 mL；断奶半个月以内的仔猪，每头1.0 mL，但应在断奶后2个月左右再接种1次	在2～8℃保存，有效期为6个月。在-15℃以下保存，有效期为12个月

（续表）

通用名称	作用与用途	用法与用量	贮藏与有效期
政府采购专用猪瘟活疫苗	用于预防猪瘟。注射4日后，即可产生坚强的免疫力。断奶后无母源抗体仔猪的免疫期为18个月	按瓶签注明的头份加生理盐水稀释，大小猪均肌肉或皮下注射1 mL。断奶前仔猪可接种4头剂疫苗，以防母源抗体干扰	在 -15 ℃以下保存，有效期为12个月
仔猪副伤寒活疫苗	用于预防仔猪副伤寒	口服或耳后浅层肌肉注射。适用于1月龄以上哺乳或断乳健康仔猪。按瓶签注明头份口服或注射，但瓶签注明限于口服者不得注射。注射：按瓶签注明头份，用20%氢氧化铝胶生理盐水稀释，每头1.0 mL	在 2～8 ℃保存，有效期为9个月。在 -15 ℃以下保存，有效期为12个月
重组禽流感病毒H5亚型二价灭活疫苗	用于预防由H5亚型禽流感病毒引起的禽流感	胸部肌肉或颈部皮下注射。2～5周龄鸡，每只0.3 mL；5周龄以上鸡，每只0.5 mL	在 2～8 ℃保存，有效期为12个月
鸡新城疫活疫苗	用于预防鸡新城疫	滴鼻、点眼、饮水或喷雾接种均可。按瓶签注明羽份，用生理盐水或适宜的稀释液稀释。滴鼻或点眼，每只0.05 mL；饮水或喷雾，剂量加倍	在 -15 ℃以下保存，有效期为24个月
鸡新城疫中等毒力活疫苗	用于预防鸡新城疫	按瓶签注明羽份，用灭菌生理盐水或适宜的稀释液稀释，皮下或胸部肌肉注射1 mL，点眼为0.05～0.1 mL，也可刺种和饮水免疫	在 -15 ℃以下保存，有效期为24个月

（续表）

通用名称	作用与用途	用法与用量	贮藏与有效期
禽多杀性巴氏标菌病活疫苗	用于预防 3 月龄以上的鸡、鸭、鹅多杀性巴氏杆菌病。免疫期为105 日	肌肉注射。用 20% 铝胶生理盐水稀释为 0.5 mL含 1 羽份，每羽接种0.5 mL	
II 号炭疽芽孢疫苗	用于预防大家畜、绵羊、山羊、猪的炭疽。免疫期，山羊为6 个月，其他家畜为 12 个月	皮内注射。山羊，每只0.2 mL；其他家畜，每头（只）0.2 mL 或皮下注射 1.0 mL	在 2～8℃ 保存，有效期为24 个月
山羊痘活疫苗	用于预防山羊痘及绵羊痘。注苗后 4～5 日产生免疫力，免疫期为 12 个月	尾根内侧或股内侧皮内注射。按瓶签注明头份，用生理盐水（或注射用水）稀释为每头份0.5 mL，不论羊只大小，每只 0.5 mL	在 -15℃ 以下保存，有效期为 24 个月
小反刍兽疫活疫苗	用于预防羊的小反刍兽疫。免疫持续期暂为 36个月	按瓶签注明头份，用灭菌生理盐水稀释为每毫升含 1 头份，每只羊颈部下注射 1mL	在 -15℃ 以下保存，有效期暂定 为 12 个月
羊快疫、猝狙、羔羊痢疾、肠毒血症四联干粉灭活疫苗	用于预防绵羊的快疫、猝狙、羔羊痢疾或肠毒血症。免疫期为 12个月	肌肉或皮下注射。按瓶签注明头份数，临用时以 20% 氢氧化铝胶生理盐水溶液溶解成 1.0 mL/头份，充分摇匀，不论年龄大小，每只 1.0 mL	在 2～8℃ 保存，有效期为60 个月
羊梭菌病多联干粉灭活疫苗	用于预防绵羊或山羊羔羊痢疾、羊快疫、猝狙、肠毒血症。免疫期为 12 个月	肌肉或皮下注射。按瓶签注明头份，临用时以 20% 氢氧化铝胶生理盐水溶液溶解，充分摇匀后，不论羊只年龄大小，每只均接种 1.0 mL	在 2～8℃ 保存，有效期为60 个月

（续表）

通用名称	作用与用途	用法与用量	贮藏与有效期
布氏菌病活疫苗	用于预防羊、猪和牛布氏菌病。免疫期：羊为36个月，牛为24个月，猪为12个月	口服免疫，亦可作肌肉注射。怀孕母畜口服后不受影响，畜群每年服苗1次，持续数年不会造成血清学反应长期不消失的现象。山羊和绵羊不论年龄大小，一律口服活菌100亿；牛为活菌500亿；猪口服2次，每次活菌200亿，间隔1个月	在2～8℃保存，有效期为12个月
犬狂犬病、犬瘟热、犬副流感、犬腺病毒与犬细小病毒病五联活疫苗	用于预防犬狂犬病、犬瘟热、副流感、腺病毒病和细小病毒病。免疫期为12个月	肌肉注射。用注射用水稀释成每头份2.0 mL。对断奶幼犬以21日的间隔连续接种3次，每次2.0 mL；对成犬每年接种2次，间隔21 d，每次2.0 mL	在2～8℃保存，有效期为9个月。在-20℃以下保存，有效期为12个月

• 家畜寄生虫病防控基础知识 •

流行病学调查

牛羊线虫病，吸虫病和绦虫病在科尔沁右翼前旗广为流行，多数地区为混合感染，对牛羊的危害较严重。虫体主要寄生在牛羊消化道，肝脏等器官。病畜表现为瘦弱、拉稀、下颌水肿等病状。病轻时影响产毛、产肉等生产性能，重时可造成牛羊死亡。

在科尔沁右翼前旗已发现牛羊寄生虫有37种，其中，危害严重的消化道线虫有结节虫、捻转白毛线虫、仰口线虫、细颈线虫等十余种。吸虫主要寄生在肝脏和胰脏等器官，危害严重的虫种有中华双腔吸虫，肝片吸虫和胰吸虫等虫种。这些虫体是牛羊采食了被各种侵袭性幼虫污染的草、饮水和第二中间宿主如蚂蚱等而感染。幼虫侵袭到牛羊消化道黏膜下和实质器官而发育成成虫。虫体一方面夺取大量营养物质，另一方面幼虫移行可造成组织损伤而致病。牛羊寄生虫病表现为夏秋季感染，冬春季死亡。羊线虫成虫在羊体内3～4月出现第一个高峰；7～8月出现第二个高峰，捻转胃虫对羔羊危害严重。吸虫在牛羊体内有蓄积性，表现为年龄越大，虫体越多，危害性也越大。绦虫对1～2岁的牛羊危害严重。

寄生虫病的危害

寄生虫侵入宿主或在宿主体内移行寄生时，对宿主是一种"生物性刺激物"是有害的，其影响也是多方面的，但由于各种寄生虫的生物学特性及其寄生部位等不同，因而对宿主的致病作用和危害程度也不同，主要表现在以下 4 个方面。

机械性损害。吸血昆虫叮咬，或寄生虫侵入宿主机体之后，在移行过程中或在特定寄生部位的机械性刺激，使宿主的器官、组织受到不同程度的损害，如创伤、发炎、出血、肿胀、堵塞、挤压、萎缩、穿孔和破裂等。

夺取宿主营养和血液。寄生虫主要经过口器或体表吸收夺取营养，有的则直接吸取宿主的血液或淋巴液作为营养，造成宿主的营养不良、消瘦、贫血、抗病力和生产性能降低等。

毒素的毒害作用。寄生虫在生长、发育和繁殖过程中产生的分泌物、代谢物和死亡崩解产物等，可对宿主产生程度不同的局部性或全身性毒性作用，尤其对神经系统和血液循环系统的毒害作用较为严重。

引入其他病原体传播疾病。寄生虫不仅本身对宿主有害，还可在侵害宿主时，将某些病原体如细菌、病毒和原虫等直接带入宿主体内，或为其他病原体的侵入创造条件，使宿主遭受感染而发病。

驱虫时间

　　根据牛羊寄生虫感染季节和发育动态，在科尔沁右翼前旗最佳驱虫时间：一年驱一次虫为 11 月份；一年驱二次虫为 7 月份和 11 月份；一年驱三次虫为 3 月份、7 月份和 11 月份。羊的饲养密度大、放牧场小驱虫次数要多，否则相反。几年来科尔沁右翼前旗牧区每年于 11 月份给牛羊驱虫，证明，驱虫有利于牛羊保膘、越冬，是提高牧业产值的有效措施。

常见寄生虫病

一、吸虫病

牛羊吸虫主要包括肝片吸虫、胰阔盘吸虫、中华双腔吸虫、鸟毕吸虫、前后盘吸虫等。由于羊在低洼、河滩、稻田等水网地区放牧，有螺类、蚂蚁、蠢斯等中间宿主滋生引发感染。

1. 发育史

中华双腔吸虫在发育过程中需要两个中间宿主。第一中间宿主为陆地蜗牛，第二中间宿主为蚂蚁。从终末宿主排出的粪便中的虫卵，被陆地蜗牛吞食后，毛蚴从卵内孵出，移到肝脏，经过母胞蚴及子胞蚴的发育而产生尾蚴。尾蚴从大静脉移行到陆地蜗牛的肺部，再移到陆地蜗牛的呼吸腔。在呼吸腔中有数十个至数百个尾蚴集中在一起，形成尾蚴群囊，尾蚴群囊外包黏性物质称为黏性球。逢雨后，黏性球通过陆地蜗牛呼吸孔排出体外，黏在植物上。从卵被陆地蜗牛吞食，到黏性球从螺体排出，其在螺体内的发育为82～150 d。尾蚴在外界环境中的生活期限一般只有2～3 d，最高可达14～20 d。黏性球被蚂蚁吞吃后，在蚂蚁体内形成囊蚴。反刍兽或其他家畜，由于吃草时吞吃了含有囊蚴的蚂蚁而受感染。囊蚴在反刍兽肠道中脱出，经十二指肠到达胆管内寄生，在绵羊体内经72～85 d发育为成虫。9月份牛羊最易感染。

2. 症　状

片形吸虫主要寄生于羊的肝脏、胰脏、胆管等部位，可引起急性或慢性肝脏、胰脏和胆管等病变，羊患病后常伴发全身性中毒和营养障碍。幼畜及绵羊常因此病大批死亡。慢性和隐性患羊消瘦、发育不良及毛、乳产量显著降低。

本病多于春季、夏末、秋初发生。急性型病羊初发热、衰弱、离群，患羊贫血、黏膜苍白，严重者死亡。慢性型病羊消瘦、贫血、黏膜苍白、食欲不振、异嗜、被毛乱而无光等。

3. 防　治

定期驱虫可在每年的春季和秋末冬初进行两次预防性驱虫，也可根据当地具体情况及自身条件确定驱虫次数和驱虫时间。粪便处理及时对畜舍内的粪便进行堆肥发酵处理，利用生物热杀死虫卵。9月份避免在沼泽、低洼地放牧，以免感染囊蚴。饮水最好用自来水、井水或流动的河水，保证水源清洁卫生。

二、绦虫病

绦虫病是莫尼茨绦虫、曲子宫绦虫及无卵黄腺绦虫寄生于牛羊小肠所引起的。其中，莫尼茨绦虫危害最为严重，特别当羔羊、犊牛感染时，不仅影响其生长发育，甚至可引起死亡。三种绦虫既可单独感染，也可混合感染。中间宿主均为地螨。虫体呈带状，很像煮熟后的宽面条，虫长 1～6 m。虫体前端一般为乳白色，后端为淡黄色。虫体由许多节片连成，头节很小，上面有 4 个吸盘。头节后面的叫颈节，能不断增生节片，使虫体增长。

1. 发育史

莫尼茨绦虫的发育需要中间宿主地螨（外形与蜘蛛相似）参与。寄生在羊小肠内的成虫，其孕卵节片成熟脱落后随粪便排出。节片中含有大量虫卵，它们被地螨吞食后，就在地螨体内孵化发育成似囊尾蚴。当牛羊吃了带有地螨的草后，就会被感染而发生绦虫病。

2. 症　状

成虫寄生于牛羊小肠，病羊一般表现为食欲减退，贫血与水肿，羔羊腹泻，患羊被毛粗乱无光，喜卧，起立困难，体重迅速减轻。

虫体阻塞肠管时，羊则出现肠臌胀和腹痛甚至因肠破裂而死亡。

3. 防　治

同吸虫病。可选用对绦虫有效的药品，如吡喹酮、丙硫苯咪唑等。

三、羊消化道线虫病

寄生于羊消化道的线虫种类很多，消化道线虫往往混合感染并引起不同程度的胃肠炎和消化机能障碍，病羊消瘦、贫血，严重者死亡。

羊的常见消化道线虫有捻转血矛线虫（寄生于真胃）、奥斯特线虫（寄生于真胃）、古柏线虫（寄生于小肠、胰脏，偶见于真胃）、仰口线虫（寄生于小肠）、夏伯特线虫（寄生于大肠）以及毛首线虫（寄生于盲肠）等。

1. 发育史

羊消化道线虫在发育过程中，不需要中间宿主，为直接发育，称土源性线虫。它们的生活史可以概括为3种类型：圆形线虫型、仰口线虫型和毛首线虫型。

（1）圆形线虫型。雌虫和雄虫在消化道内交配产卵，虫卵随宿主粪便排至外界，在适宜的温度、湿度和氧气条件下，从卵内孵化出第一期幼虫，脱二次皮变为第三期幼虫（感染性幼虫）。感染性幼虫对外界的不利因素有很强的抵抗力，能在上壤和牧草上爬动。清晨、傍晚、雨天和雾天多爬到牧草上，当羊随同牧草吞食感染性幼虫而获得感染。幼虫在终末宿主体内或移行，或不移行，而发育为成虫。如捻转血矛线虫、细颈线虫蒙古马歇尔线虫等虫种。

（2）仰口线虫型。虫卵随宿主粪便排至外界，在外界发育为第一期幼虫，孵化后，经两次脱皮变为感染性幼虫。感染性幼虫能在

土壤和牧草上活动，主要是通过终末宿主的皮肤感染，随血流到肺，其后出肺泡，沿气管到咽，又随黏液一起咽下，到小肠发育为成虫，也能经口感染。

（3）毛首线虫型。虫卵随宿主粪便排至外界，在粪便和土壤中发育为感染性虫卵。宿主吞食到感染性虫卵后，幼虫在小肠内孵出，在大肠内发育为成虫。

2. 症　状

病羊感染消化道线虫的主要症状为：消化紊乱，胃肠道发炎，腹泻，消瘦，眼结膜苍白，贫血。少数病例体温升高，呼吸、脉搏频数，心音减弱，病羊终因极度衰竭而亡。

3. 防　治

同吸虫病。可选用对线虫有效的药品如伊维菌素、丙硫苯咪唑等。

四、外寄生虫病

主要有螨病、虱、蜱等。螨病是疥螨和痒螨寄生在羊体表而引起的慢性寄生性皮肤病，其具有高度传染性，是严重危害羊群健康的寄生虫病。本病主要发生于冬季、秋末和春初。通过接触或通过被螨及其卵污染的厩舍、用具等间接引起感染。

1. 发育史

疥癣是不全变态的节肢家畜，其发育过程包括卵、幼虫、若虫和成虫4个阶段。疥癣钻进宿主表皮挖凿隧道，虫体在隧道内进行发育和繁殖。在隧道中每隔相当距离即有小孔与外界相通，作为通气和幼虫进入的孔道。雌虫在隧道内产卵。每个雌虫一生可产40～50个卵。卵孵化为幼虫，幼虫三对足，体长0.11～0.14 mm。孵出的幼虫爬到皮肤表面，在毛间的皮肤上开凿小穴，在里面蜕化

变为若虫。若虫钻入皮肤开凿小穴，并在洞穴内蜕化变为成虫。雄虫于交配后死亡，雌虫的寿命约4～5周。疥癣的整个发育过程为8～22 d，平均15 d。

痒螨寄生于羊只皮肤表面，为永久性寄生虫。体表的温度与湿度，对痒螨发育有很大的影响。羊只瘦弱、皮肤抵抗力较差时容易感染痒螨病。反之，营养良好时则抵抗力强。痒螨具有坚韧的角质表皮，对不利因素的抵抗力超过疥螨，离开宿主以后的耐受力显得更强。例如，在6～8℃的温度和85%～100%空气湿度的条件下，在畜舍内能活2个月，在牧场上能活35 d。在-2～-12℃时经4 d死亡，在-25℃时经6 h死亡。

2. 羊螨病症状

疥螨一般寄生于皮肤柔软且毛短的部位，该病始发于羊嘴唇、口角、鼻梁及耳根，严重时会蔓延至整个头部、颈部及全身绵羊主要病变在头部，患部皮肤呈灰白色胶皮样，称"石灰头"。病羊剧痒，不断在围墙、栏柱处摩擦患部，由于摩擦和啃咬，患部皮肤出现丘疹、结节、水泡甚至脓疱，以后形成痂皮和龟裂，严重感染时，羊生产性能降低，甚至大批死亡。痒螨病的病原是疥螨科痒螨属的痒螨。痒螨对绵羊的危害特别严重。本病多发于毛长部位，初发于背部或臀部，以后很快蔓延至体侧。羊奇痒，患部形成水泡和脓泡，渗出液很多，尔后形成浅黄色脂肪样痂皮。病初羊被毛结成束，之后毛束脱落，皮肤裸露，患羊贫血，严重衰竭。

3. 防　治

要注重春秋两次药浴，防控好螨病。

防治药物

各地根据不同的虫种、选用不同的驱虫药物，目前，常用的有以下几种。

丙硫苯咪唑。又叫抗蠕敏，对结节虫、捻转胃虫、钩虫等多种线虫的成虫和幼虫；对肝片吸虫；中华双腔吸虫，对绦虫及绦虫蚴均有很好的驱杀效果。本药最适合于线虫、吸虫和绦虫混合感染的地区。羊口服最适宜的驱线虫剂量为 10 mg/kg；驱吸虫剂量为 30 mg/kg；牛剂量为 15 ～ 20 mg/kg。本药不溶于水，可混入饲料内喂服。

长效伊维菌素注射液。由北京中农天马科技发展有限公司生产。按 2 mg/10 kg 体重剂量皮下注射。间隔 45 d 再注射一次。对线虫类、对外寄生虫类有效。

碘硝酚注射液（驱虫王）。由沈阳一药家畜药品有限公司生产。以 0.5 mL/10 kg 体重剂量皮下注射。间隔 30 d 再注射一次。对吸虫类、线虫类、虱、疥癣、羊鼻蝇等外寄生虫类有效。

复方伊维菌素混悬液（双威）。由北京国威药液有限公司生产。按 2 mg/10 kg 体重的剂量一次口服，间隔 10 d 同剂量再服一次。对线虫类、吸虫类、线虫类、外寄生虫类有效。

吡喹酮。50 mg/kg 体重内服，对吸虫类、绦虫类、绦虫蚴类有效。

五氯柳胺。按 15 mg/kg 口服，本药对成虫有驱除效果，急性治疗时剂量可增加至 45 mg/kg。

氯硝柳胺（驱绦灵）。按 50 mg/kg 体重口服，前后盘吸虫及幼虫均有效。

除癞灵。由辽宁省凤城市家畜药品厂生产。按 0.02% 的稀释液

对患处进行涂擦杀虫，涂擦的面积一定要大于眼观患病的面积。对虱类、疥癣等外寄生虫有效。用该杀虫药液对用具、墙壁、环境进行杀虫，连续 3 d，间隔 20 d 和 40 d 分别再杀虫一次。

常用驱虫药

常用驱虫药一览表

项目	药品名称	方法	剂量（mg/kg 体重）
驱绦虫药	硫双二氯酚	口服	100
	氯硝柳胺（灭绦灵）	口服	75 ～ 80
	丙硫苯咪唑	口服	15
	吡喹酮	口服	10
	氢溴酸槟榔碱（犬专用）	配成 1% 的水溶液，口服	2
	硫酸铜	配成 1% 的水溶液，成羊每只 80 ～ 100 mL，羔羊每只 30 ～ 50 mL。据报道，本药一次驱虫率为 80%	
驱吸虫药	三氯苯唑（肝蛭净注射液）	肌肉注射	2 ～ 3
	复方伊维菌素混悬液	肌肉注射、口服广潜驱虫药）	2
	硫溴酚（蛭得净）	一次口服	20
	硫双二氯酚（别丁）	口服	80
	氯苯氧碘酰胺	一次口服	15
	双乙酰胺苯氧醚	口服	100
	丙硫苯咪唑	口服	15
	苯硫咪唑	口服	5
	硝氯酚（拜耳 9015）	一次口服	5
	吡喹酮	口服	40 ～ 60

（续表）

项目	药品名称	方法	剂量（mg/kg 体重）
驱线虫药	羟嘧啶（毛首线虫特效药）	口服	5～10
	敌百虫（毛首线虫特效药）	口服	60～80
	丙硫苯咪唑	口服	10
	敌百虫	口服	80
	左咪唑	口服	8
	噻苯唑	口服	50～80
	噻嘧啶	口服	25～30
	苯硫咪唑	口服	5
	氧苯咪唑	口服	10～15
	伊维菌素	皮下注射	1 mL/50 kg 体重
杀外寄生虫药	螨净		初浴浓度 0.025% 补充浓度 0.075%
	50% 辛硫磷乳油		药浴浓度 0.025%～0.05%
	双甲咪		药浴浓度 0.06%
	杀灭菊脂		成品为 20% 杀灭菊脂乳油，药浴浓度为 0.01%
	敌百虫		配成 1%～2% 水溶液，用于局部涂擦治疗

中篇

家畜常见疫病防控经验

•传染病的防控•

马传贫的诊断与防治

一、基本情况

兴安盟科尔沁右翼前旗有 24 个乡苏木镇，5 个国营农牧场。1993 年 6 月末存栏马属动物近 10 万匹。首次发生马传贫病是 1960 年，到 1970 年疫点达 113 个，病死 135 匹，从 1977 年开始，对疫区和受威胁地区的马属动物进行马传贫检疫净化（琼脂扩散法），共检疫 39 562 匹，阳性 1 476 匹，阳性率为 3.73%，均做扑杀处理。对农区 12 个乡苏木镇的阴性马属动物注射了马传贫驴白细胞弱毒疫苗（马传贫疫苗），共防疫 196 034 匹，控制了疫情。从 1981—1993 年，在未注射疫苗地区共发生马传贫疫情 9 起，由于及时诊断和采取措施，及时扑灭了疫情。

二、流行情况

1981—1991 年，全旗共发生马传贫疫点 9 起，分布在 7 个苏木（场），9 个自然屯。疫区存栏马属动物 2 297 匹，发病 187 匹，发病率为 8.14%，病死 138 匹（扑杀病畜 49 匹）。最高发病率为 37.44%。疫区检疫 2 110 匹，阳性 163 匹，阳性率为 7.73%，最高阳性率为 16.35%。受威胁区检疫 8 182 匹，阳性 76 匹，阳性率为 0.93%。共注射疫苗 1 891 匹。疫情的发生具有两个共同特点：一是发生在未注射马传贫疫苗的地区；二是发生在蚊虻活动的 7—9 月份。

三、临诊症状

病马精神沉郁，食欲减弱，体温 37.5～40.5℃，有明显的间歇热。可视黏膜发病初期潮红、充血和轻度黄染，后期黏膜苍白、黄染、有出血点，个别病马舌下、阴门、第三眼睑有陈旧或新出血点。后期病马后躯无力，行走摇摆，步样蹒跚，腹下及后肢浮肿。病程一般两周左右，消瘦衰竭死亡。治疗无效，病死率极高。

四、剖检变化

病马死后僵尸完全，血凝良好。皮下浮肿、黄疸，体腔积液，在第三眼睑、舌下、阴道、脏器表面有出血斑或出血点。胃底部呈弥漫性出血，肠内容物充满血水。肺水肿，表面有出血斑点，切面溢出血色泡沫。脾、肝、肾肿大，切面和皮下均有出血点。全身淋巴结肿大。

五、实验室诊断

琼扩检查：检疫疫区马属动物 2 110 匹，阳性 163 匹，阳性率为 7.73%。

血沉检查：共检查 56 匹，初速度均在 60 刻度以上。

鉴别诊断：与马血孢子虫鉴别开，两病在热型、临床症状、剖检变化基本相同。血孢子虫病发生在 4—5 月份，用抗焦虫药有效，而马传贫发生在 7—9 月份，用药治疗无效。

六、分析和讨论

一是注射马传贫疫苗是控制马传贫病的好方法。多年来，在防治马传贫病中，我们坚持采取了"检、杀、封、消、防"等综合性防治措施，注苗前对马属动物检疫净化，扑杀阳性畜，对阴性畜进行连续 2 年注射疫苗，以后每隔 2 年注射疫苗 1 次。多年来，在注射疫苗地区未发生马传贫病。

二是发生疫情后，对疫区采取了"早、快、严、小、检、封、杀、防"的综合性防治措施。重点是扑杀病畜和及时进行检疫净化和注苗。

三是发病地区均是以前发生过马传贫的地区，当时检疫净化后未注射疫苗。发生马传贫的原因我们认为：有隐性带毒畜的存在和流动；检疫净化不能按时进行；检疫净化后未注射疫苗。

四是对未注射疫苗地区的马传贫病防治，应有计划开展检疫净化，逐步扩大注射疫苗地区，提高群体免疫力，控制疫情的发生。

（本文发表在《中国兽医杂志》1995 年第 11 期，

作者：王明珠，陈希地，赵珅，等）

布鲁氏杆菌病综合防制

1953 年在科尔沁右翼前旗暴发第一起布鲁氏杆菌病疫情。1960 年开始以免、检、处、治为主的综合性防治措施，经过 40 余年的工作，经上级业务部门的考核验收，达到了控制标准。

一、流行概况

据旗地方志记载，科尔沁右翼前旗于 1953 年从呼盟陈巴尔虎旗引进种绵羊 800 只，当年在这些羊中发生流产，确诊为布鲁氏杆菌病。到 1963 年，相继在 21 个乡镇流行。流产羊达 355 只，患病人 180 名。从 1960 年开始布鲁氏杆菌病（以下称布病）免疫工作，并逐步在全旗开展，控制了疫情。从 1963 年至今在畜间和人间未发生布病疫情。

二、防疫和检疫情况

分 3 个阶段。

第一阶段，1957—1959 年，这期间布病在全旗散发，未采取免疫措施，防治工作以检疫、处理病畜为主。3 年累计用平板法检疫牛 4 987 头，阳性 180 头，阳性率为 3.61%；检疫羊 5 902 只，阳性 646 只，阳性率为 10.95%。流产羊 1 738 只。

第二阶段，1960—1990 年，这期间布病的防制以免疫为主，用 5 号疫苗对羊进行气雾免疫试验取得成功，当年免疫羊 147 567 只，牛 7 674 头。以后在全旗推广。累计免疫牛 12 万头；羊 100 万只。从 1988 年开始用猪 2 号疫苗对羔羊犊牛进行免疫，累计免疫犊牛 20 余万头，羔羊 200 多万只。1977—1979 年，为了掌握布病在全旗的分布和流行，并排除疫苗阳性，在 3 年以上未进行布病免疫的地区对羔羊犊牛用平板法进行血检，共抽检验 24 个单位，存栏牛 9 938

头，检疫 4 526 头，阳性 37 头，阳性率为 0.82%；存栏羔羊 74 791
只，检疫 50 859 只，阳性 1 092 只，阳性率为 2.1%。犊牛、羔羊阳
性率，分别比 1959 年降低了 2.97 和 8.4 个百分点。

第三阶段，考核验收阶段，1991—1993 年，仍坚持免疫为主，
在全旗用猪 2 号疫苗对羔羊、犊牛进行免疫，3 年累计免疫犊牛
61 973 头，免疫率为 90.1%；免疫羔羊 508 795 只，免疫率为 91.6%。
3 年用试管凝集法抽检羔羊 6 237 只，阳性 4 只，阳性率为 0.064%；
抽检成年牛 4 410 头，阳性 3 头，阳性率为 0.07%，累计检菌 682 份，
其中脾脏 600 份，胎衣 60 份，胎儿 22 份，经化验室培养检验，未
检出布鲁氏杆菌。

1994 年 11 月，按照《内蒙古自治区布病考核标准》对科尔沁右
翼前旗的布病防制进行了全面考核，实地抽检 100 头份羔羊，均为
阴性。同时还查阅了历史检疫资料和流行病学档案。一致认为科右
前旗的布病防制，历史资料齐全，流行病学清楚，连续 3 年，检疫
阳性率低于控制标准，达到了控制标准，通过验收。

三、几点体会

一是各级领导重视是做好布鲁氏杆菌病防治工作的首要条件。

二是坚持预防为主的方针是防治布鲁氏杆菌病的重点环节。

三是坚持检疫净化工作，坚决处理病畜是控制布鲁氏杆菌病流
行的最有效措施。

（本文发表在《中国兽医杂志》1996 年第 5 期，

作者：王明珠，赵景林，高广彬，等）

羊病的程序化防治模式初探

从 1996 年开始，作者在家庭牧场羊寄生虫病、传染病和代谢病防治方面采取了程序化防治模式，经济效益较好。

一、寄生虫病程序化防治模式

1. 进行流行病学调查，掌握本地区的优势虫种

剖检 38 只绵羊，进行蠕虫学检查；用漂浮法检查虫卵 75 份（取 1.5 g 新鲜粪，用 150 目分样筛饱和盐水过滤，大试管内漂浮 15 mm，观察 15 mm × 15 mm 盖玻片下全部视野，计算虫卵数）。结果表明羊消化道线虫感染率高，强度大，其中，优势虫种是食道口线虫；其次为羊鼻蝇蛆、绦虫和羊多头蚴病。线虫每年在羊体内出现两次成虫高峰；第 1 次在 4—5 月份，平均虫卵数为 316 个，最多虫卵数为 467 个；第 2 次出现在 8—9 月份，平均虫卵数为 84.7 个，最多虫卵数为 152 个。

2. 使用药物

根据本地区的寄生虫种类，选用下列药物。

虫克星（阿福丁）：由北京农业大学新技术开发总公司提供。该药的活性成分是阿维菌素，其驱虫谱广，对几乎所有线虫、外寄生虫及其羊鼻蝇蛆都有很强的驱杀效果。

丙硫苯咪唑：除对多种线虫有驱杀活性外，还对绦虫类、吸虫类有驱杀效果。

氢溴酸槟榔碱：可驱除犬体内的绦虫，从而预防羊绦虫蚴病。

补充微量元素：亚硒酸钠和硫酸铜，预防了因缺乏这些元素而引起的代谢病。

3.使用程序

①每年驱虫 2 次，第 1 次在 1 月（也可在产前 1 个月），成年羊用虫克星，每只羊 10 mg。当年羊用虫克星和丙硫苯咪唑复合用药。丙硫苯咪唑的剂量按每只羊 0.5 g 投药。第 2 次在 8 月份，用虫克星对羊全部驱虫。②每只羊补亚硒酸钠 25 mg，硫酸铜 250 mg，溶于水灌服或自由饮水。每年 3 次，分别在配种前 15 d，怀孕中期和哺乳期进行。③用氢溴酸槟榔碱对犬驱虫，按 2 mg/kg 投药，混入流食内 1 次自由食完。驱虫时间在 6 月份和 12 月份各进行 1 次。

二、传染病程序化防治模式

本地羊流行的传染病有绵羊痘、炭疽、羊猝狙、快疫、羊肠毒血症；羔羊口疮、布病已达到控制标准。

使用程序：全年开展 5 种疫苗免疫，第 1 次在羔羊产后 10 ～ 15 天口腔黏膜内按种羊口疮弱毒细胞冻干苗；第 2 次在 6 月份全部接种 Ⅱ 号炭疽芽孢苗；第 3 次在 8 月份全部接种羊三联干粉灭活苗（2 月份再接种 1 次更好）；同时对羔羊口服布鲁氏杆菌猪型二号菌苗；第 4 次在 11 月份全部接种绵羊痘细胞培养活疫苗。

三、结果与经济效益

调查 3 个家庭牧场未用羊病程序化防治模式 1 年内（1996 年 7 月至 1997 年 6 月）和应用程序化防治模式 1 年内（1997 年 7 月至 1998 年 6 月）大羊、羔羊死亡数和产毛量进行对比，计算出经济效益。

未用程序化防治模式情况：3 户共存栏羊 1 390 只，共产羔（2 月开始接羔）876 只，死亡羔羊 201 只，死亡率为 22.95%；大羊死亡 55 只，死亡率为 3.96%；剪毛羊 1 341 只，共产毛 3 069.5 kg，每只产毛 2.29 kg。

应用程序化防治模式情况：在同一放牧场，相同的饲养管理条件下，3 户共存栏羊 1 528 只，共产羔 804 只，死亡羔羊 119 只，死亡率为 14.8%；大羊死亡 18 只，死亡率为 1.18%；剪毛羊 1 476 只，共产毛 3 779.5 kg，每只产毛 2.56 kg。

两年相比：羔羊死亡率下降了 8.15%，可多活羔羊 66 只，每只按 150 元计算，可增收 9 900 元；大羊死亡率下降了 2.78%，可多活大羊 42 只，每只按 250 元计算，可增收 10 500 元；每只羊可多产毛 0.27 kg，共可多产毛 398.5 kg，每千克按 8 元计算，可增收 3 188元。3 项累计可增收 23 588 元，每只羊可增收 15.44 元。

四、小结与讨论

① 为减少寄生虫对羊的危害，在本地区每年对羊必须驱虫二次，最佳驱虫时间是 1 月和 8 月。首选驱虫药物是虫克星和丙硫苯咪唑。② 羊寄生虫病和传染病程序化防治模式是一项综合性防治新技术，采用了最新的广谱驱虫药物，同时根据寄生虫自身繁育特点，用复合用药的方法，适时进行驱虫，控制了羊体内线虫成高峰的出现，同时落实了"预防为主"的方针，未发生相应的传染病。微量元素的补充，有效控制了相关疾病的发生。经有组织、连片、全面地采取预防措施，预防了疫病，提高了生产性能。应用本技术后，在相同条件下，每只羊可增加经济收入 15.44 元。③ 目前，家庭牧场存在问题是基础建设薄弱，投入不足，牧民缺少科学养畜知识。表现在无固定打草场，不搞青贮，超载放牧。不但冬季缺草，夏秋季缺草也表现得越来越突出。使羊只常年处于营养不良状态。羔羊的哺乳不足和缺少优质草料，是羔羊死亡的两大主要原因。

（本文发表在《中国兽医杂志》1999 年第 3 期，

作者：王明珠，陈伟琴）

羊传染性脓疱的流行与防治

羊传染性脓疱、俗称羊口疮，是传染性脓疱病毒所致的绵羊和山羊的一种传染病。近年来，我们对本病的流行病学进行了调查并采取了防治措施，取得了较好的效果。

一、发病情况及特点

自 1996 年以来，调查了科尔沁右翼前旗额尔格图苏木等地的 12 个养羊户，共存栏绵羊羔 1 351 只，发病 450 只，发病率为 33.31%；共死亡羔羊 16 只，平均死亡率为 3.56%。其流行特点：一是在 1 个羊包第 1 次发病时呈暴发式流行，传播速度快、发病率可达 80% 以上，最高死亡率达 8.7%；在老疫区发病时，传播速度慢，发病率为 14.04%，死亡率也低，有的羊包发病后无死亡。二是呈散发性，在全旗各地均有发生，主要侵害 6 月龄以内的羔羊，但 20～60 日龄的羔羊发病率高。三是细毛纯种羔羊最易感染，杂种羊次之，本地品种（蒙古羊）羔羊很少发病。同群山羊羔也发病。四是与饲养管理有密切关系，如果饲养管理不好，羊膘差、圈舍污秽不洁、阴暗潮湿等有利于本病的发生和流行，否则相反。所以有的羊包年年发病，而有的羊包就不发病。

二、临诊症状

轻者病羊精神沉郁、不愿采食，吮乳时骚动不安。口腔升温，齿龈红肿。口唇等处的皮肤和黏膜形成丘疹、水疱、脓疱和结成疣状厚痂。重者，在齿龈、舌面，颊部黏膜上出现大小不等的溃疡。口内流出黏液性和泡沫样唾液，使下颌部毛湿润，贴在皮肤上。溃疡有时波及喉部，严重影响哺乳及采食，因饥饿衰弱而死。在少数大母羊乳房皮肤发生脓疱和烂斑，是由病羊机械损伤传染所致。

根据流行病学、临诊症状和应用羊口疮弱毒细胞冻干苗免疫有效确诊为羊口疮。但要注意和羊痘、坏死秆菌病、溃疡性皮炎、蓝舌病等进行鉴别。

三、防制措施

对出生 15 d 龄后的羔羊，口腔黏膜内接种羊口疮弱毒细胞冻干苗（兰州生药厂生产）。按瓶签标出的头份数，用生理盐水稀释，每只口腔黏膜内接种 0.2 mL。从 1996 年以来，共接种羔羊 18 540 只，有效控制了本病的发生。对发病群中未发病的羔羊及时接种该疫苗，防制效果也好。

以清洗口腔、消炎、收敛为治疗原则。首先用清水或 1% 高锰酸钾溶液清洗创面。常用的药物有：口疮粉（阿拉善盟兽药厂生产），红霉素、磺胺类软膏涂抹在清洗过的创面上。每天 2～3 次，一般 1 周左右即可治愈。

（本文发表在《中国兽医杂志》2002 年第 10 期，

作者：王明珠，于春林，白斯琴，等）

绵羊痘病的发生与防治

1997—2000 年，作者参加了 16 起绵羊痘病疫情的调查与防治工作，均及时扑灭了疫情，报告如下。

一、流行情况

绵羊痘病在科尔沁右翼前旗首次发生于 1953 年，到 1985 年疫情在 15 个乡级单位流行，累计发病羊 146 707 只，病死 10 431 只，病死率为 7.11%。从 1953 年在全旗普遍开展了绵羊痘的免疫工作；1988 年到 1991 年在旗边界地区做免疫带；1992 年全旗停止了绵羊痘的免疫。

1997 年科尔沁右翼前旗再次发生绵羊痘病，与以前最后一次疫情间隔了 12 年；与停止免疫间隔了 5 年。到 2000 年，疫情在满族屯等 8 个乡级单位流行，疫点达到 16 个，疫区共存栏绵羊 6 485 只，发病 639 只，发病率 9.85%；病死 119 只，病死率为 18.62%。其中，1997 年发生 1 个疫点；1998 年和 1999 年各 7 个疫点；2000 年 1 个疫点。病羊无年龄、性别上的差异，出生第 3 天的羔羊有发病的，羔羊病死率极高。春秋两季多发。同群山羊未见发病。这次疫情的发生，是因从外地引进良种羊而引发的。从 1997 年在全旗普遍开展了绵羊痘的免疫工作持续到现在。

二、临床症状

病羊体温升高到 41 ～ 42℃，食欲减少，精神不振，结膜潮红，眼流泪。从鼻孔流出浆液性、黏液性分泌物。痘疹发生于全身各部位，短毛和无毛处易见。开始在皮肤上出现红斑，依次为丘疹、结节、水疱、结痂的病变过程。多数羊在结节和结痂期后痊愈，也有少数羊因水泡破溃后感染而形成较大面积的化脓，发出恶臭的气味，

使病程延长或引起死亡。羊痘病因有典型的临床症状，一般不难确诊。

三、防治措施

① 对全群羊进行认真检查，对病羊进行隔离治疗，治疗以抗菌消炎为主，同时进行对症治疗。② 对健康羊进行紧急疫苗接种，不论大小羊均皮内注射绵羊痘活疫苗 0.5 mL。每只羊要更换一个针头。如在接羔期发病，新生羔即可注苗，无不良反应，免疫效果较好。受威胁地区及其他地区要适时进行疫苗接种。4 年全旗累计免疫绵羊 430 万只次。③ 做好环境和羊体消毒工作，每天 1 次。④ 封锁疫点。限制羊群在一定区域内放牧、禁止动物和动物产品及污染物运出疫区。在主要路口要设消毒站，做好检疫消毒工作。⑤ 加强饲养管理，喂易消化营养丰富的草料。

四、讨论与体会

① 这次绵羊痘的疫情是因为引进种羊时，对引种地区羊的疫情掌握不清，从有羊痘病的地区引进种羊，带入病原而引发疫情。使科尔沁右翼前旗 12 年无疫情的清净区再次大面积流行绵羊痘病，造成了严重的经济损失。② 1997 年只发生一个疫点，因全旗多年未发病，养羊户对羊痘疫苗认识不足，使免疫率下降。还有的一些户为了省钱自己打疫苗，因违背操作规程，把应该打在尾根部皮内的疫苗打在皮下或肌肉内，使免疫失败，由此引起发病。羊痘免疫是一项技术性很强的工作，应由兽医人员亲自操作，以保证免疫质量。③ 发现疫情后，只要及时采取上述措施，一般在短时间内可控制疫情。

（本文发表在《中国兽医杂志》2002 年第 12 期，

作者：王明珠，伊庆云，李向军，等）

牛巴氏杆菌病病例

从 1987 年以来，作者经历了 3 起牛巴氏杆菌病的防治工作，均及时扑灭了疫情，报告如下。

一、流行情况

这 3 起牛巴氏杆菌病，均发生在科尔沁右翼前旗勿布林苏木草根台嘎查，在发病的 7 个养牛户中，共存栏牛 2 950 头，发病 98 头，发病率为 3.32%；病死 82 头，病死率为 83.67%；治愈 16 头，治愈率为 16.33%。其中，发生于 1987 年 9 月 5 日至 10 月 3 日勿布林苏木草根台嘎查初一牛包的疫情最为严重，共存栏牛 503 头。其中，犊牛 80 头、2 岁和 3 岁牛 220 头、4 岁以上牛 203 头。发病 30 头，发病率为 5.96%；死亡 30 头，病死率为 100%，其中，犊牛死亡 27 头，占死亡牛的 90%；2 ～ 3 岁牛死亡 2 头，占 6.67%；4 岁以上牛死亡 1 头，占 3.33%。有如下流行特点：一是 3 岁以下牛发病率最高为 96.7%，犊牛病死率高为 90%；二是发病牛在性别、膘情上无差异；三是发病时间具有季节性，都是发生在秋末、春初的气候突变、温差变化大的时候；四是发病牛多数为急性经过，来不及治疗即死亡；五是在同一放牧场放牧的还有羊 2 万只，马 726 匹，均未见发病。

二、临床症状

病程多数为急性经过，发现时病畜已死在圈内或牧场上，仅能看到的病牛表现为体温升高至 41 ～ 42℃，精神沉郁，食欲不振，在颈部、咽喉部及胸前的皮下结缔组织出现迅速扩展的炎性水肿。舌多伸出齿外，呈暗红色。患畜呼吸困难，有痛苦干咳，流泡沫样的鼻汁，后呈脓性。患畜流泪，磨牙，并出现急性结膜炎，往往因窒

息而死亡。

三、病理变化

在咽喉部或颈部皮下有浆液浸润，切开水肿部即流出深黄色透明液体。胸腔中有大量浆液性纤维素性渗出液。肺脏和胸膜上有小出血点并有一层纤维素薄膜。整个肺有不同肝变期的变化。咽和前颈淋巴结肿大、紫色、有出血点。脾不肿大。

四、诊　断

细菌检查：在无菌条件下，取有病变的肝或肺脏，用常规方法制片，用瑞氏或姬姆萨氏染液染色镜检，可见两极浓染的杆菌。

小鼠试验：用病料组织的研磨乳剂 0.2 mL，皮下接种小鼠，在 72 h 内死亡，并从死亡小鼠心血或肝中分离到形态、着色与上相同的小杆菌。

根据以上检查诊断为牛巴氏杆菌病。

（本文发表在《中国兽医杂志》2003 年第 12 期，

作者：王明珠，王巧玲，王丽华，等）

传染性角膜结膜炎的发生与防治

羊传染性角膜结膜炎在内蒙古自治区科右前旗时有发生，造成了一定的危害。近年来，笔者处理了5起牛、羊传染性角膜结膜炎疫情，均取得了较好的防治效果。

一、流行情况

1998年至2004年，该病在内蒙古自治区科右前旗察尔森、额尔格图苏木等地流行，笔者处理的五起疫情中，3个羊的疫点共存栏羊1 014只，发病115只，发病率为11.34%，双眼发病率为26.96%（31/115），眼有残留混浊物的为5.22%（6/115），失明率为3.48%（4/115），死亡率为2.61%（3/115）；2个牛的疫点共存栏141只，发病55头，发病率为39.01%；双眼发病率为67.27%（37/55）。其发病和流行有5个特点：一是具有季节性，多发生在每年蝇类活动旺盛的6—9月；二是具有传染性，开始时只有少数牛羊发病，以后发病数逐日增加，羊的最高发病率为22.58%（70/310）；牛的最高发病率是39.08%（34/87）；三是病程和流行期较长，病程多在1—2月；四是牛羊无交叉感染，在同一放牧场牛发病时羊不发病，羊发病时牛不发病；五是该病对犊牛危害严重，发病的14头犊牛均为双眼发病，且发病率为100%，失明后死亡2头。

二、临床症状

初期症状为怕光、流泪、疼痛、结膜潮红、肿胀，眼睑闭合或闭合不全。严重者发病48 h时角膜周围血管充血，特别是黑眼球的周边，形成明显的充血环。之后出现角膜浑浊，为散漫性，其色彩为淡灰色。发病1周后浑浊从四周向一点集中，有的经1～2个月浑浊消失，有的遗留混浊物。有的发展为化脓性角膜结膜炎，眼球

疼痛剧烈，眼内排出脓性分泌物，结膜和巩膜充血、肿胀，角膜浑浊为淡黄色或浅黄色或淡灰色，表面粗糙无光，常出现角膜溃疡，重者可造成角膜穿孔，引起化脓性眼球炎而失明。

三、诊　断

根据流行病学调查和临床症状可确诊为传染性角膜结膜炎。

四、防　治

（1）用 20 ～ 30 g/L 硼酸溶液、生理盐水或 1 mL/L 新洁尔灭液冲洗结膜囊除去异物。洗眼时不可强力冲洗，也不可用棉球来回擦拭，以免损伤结膜。

（2）用 5 g/L 醋酸可的松眼药水、青霉素液（青霉素 1 000 U、蒸馏水 1 mL）、10 g/L 新霉素液每日 2 次点眼。

（3）30 g/L 盐酸普鲁卡因液点眼止痛，每日 2 次。

（4）化脓性结膜炎，可用青霉素普鲁卡因液（青霉素 20 万～ 40 万 U、5 g/L 普鲁卡因溶液 5 ～ 10 mL）做眼封闭。

（5）为了促进角膜浑浊的吸收，可向患者眼内吹入等份的甘汞和糖粉，每日 2 次。也可用自家血液 3 ～ 5 mL 眼皮下注射，1 ～ 2 d 1 次。内服中药石决明散亦有较好效果。

（6）也可选用人用氯霉素滴眼液、复方熊胆滴眼液、红霉素眼膏，每日 2 次，均有效果。

五、小结与讨论

（1）发现病畜要及时隔离治疗，手要轻，严格按上述方法配制药物，防止人为造成结膜、角膜的损伤。

（2）要每日坚持用药 2 次，根据不同的发展时期，选用不同的治疗药物。

（3）据材料记载，该病是由多种病原体引起的传染病，由蝇类

或某种飞蛾机械性传播。所以要搞好畜舍、环境卫生，消除蝇类滋生地，切断传播途径。

（4）该病一旦发生，病程和流行时间较长。只要坚持治疗，愈后均良好。

（本文发表在《中国兽医科技》2005年增刊，

作者：王巧玲，吴桂珍，张晓玲，等）

畜间布病的防控措施

近两年，兴安盟畜间布病防治主要采取免疫、扑杀阳性畜，消毒灭源等综合性防控措施，使全盟畜间布病防制取得了一定成效。但目前整体防控形势仍不容乐观，根据盟卫生部门提供人间患病情况，与往年同期相比呈增长态势，布病防控形势仍十分严峻。为切实抓好全盟畜间布病、口蹄疫、高致病性禽流感、高致病性猪蓝耳病等重大动物疫病的防控工作，根据内蒙古自治区年初《工作要点》和布病防控第二阶段的工作安排，经研究决定近期在全盟范围内要进一步加强畜间布病防控和秋季集中免疫等工作。下面结合全盟实际情况浅谈几点个人的建议，供大家参考。

一、布病防控

（1）各地要高度重视畜间布病防控工作。要精心组织、周密安排、明确责任、落实到人。与此同时要积极筹划经费，抓紧组织调运储备布病疫苗、消毒药、消毒器械和个人防护用品。为切实抓好布病综合性防控工作做好充分的准备。

（2）各地要以旗县市为单位，根据卫生部门提供的2011年6月份新发布病患者的名单，迅速深入布病患者住地及时认真开展流行病学调查，要重点了解：一是布病患者是今年6月以后新发，还是往年已患今年6月才确诊；二是要查清布病患者职业；三是对布病患者饲养的羊、牛、猪、狗全部进行布病流行病学调查，掌握饲养的数量，了解有无病畜，观其临床症状，同时要认真调查了解布病苗灌服情况，确定拔点措施。

（3）对经流调和临床观察有典型布病发病史和临床症状的羊，如在春防中已经灌服免疫且数量不多，养畜户同意补偿后扑杀的要

一次性扑杀。

（4）尽快开展二次强化免疫。一是对前一阶段在拔除布病疫点内包括同村的现有存栏羊，在已免疫的基础上一个月后再进行一次布病苗的强化灌服免疫。二是对 2011 年 6 月以后新发布病患者饲养的羊、牛及其密切接触的畜群和受威胁群以自然村或规模场为单位，全部进行一次强化灌服免疫。对新产的羔羊、牛犊及新补栏的羊和牛要适时倍量进行灌服免疫。

（5）对阳性羊污染的圈舍、设施及周围环境要进行彻底反复消毒，污染的粪便、垫草要堆积发酵进行生物热处理。消毒用车统一购买，统一发放。

（6）为确保布病灌服免疫和消毒效果，全盟要统一时间开展灌服免疫工作，届时兴安盟农牧局派员监督灌服和消毒全过程，确保灌服免疫和消毒效果。

（7）严格按免疫规程进行免疫，因现使用的布氏杆菌（S2 株）疫苗口腔黏膜吸收效果最好，灌服时一定要将疫苗灌到口腔，切忌不能灌入咽喉或食道，否则将影响免疫效果。同时要认真填写动物免疫户口簿，务必将免疫时间、方式、剂量、灌服人等情况填写清楚，以便查证。

（8）在布病灌服免疫中要高度重视个人防护，凡参与灌服免疫的防疫人员，都要穿防护服、戴手套、口罩及眼罩，工作结束后要及时用消毒液洗手，坚决避免苗源感染。

（9）为确保布病防控各项工作落到实处，盟兽医局定点联络督查组成员要与旗县市疫控中心相互配合，对布病防控工作进行全面的督促检查和监管，有力促进和推动全盟布病防控工作的顺利开展和圆满完成。

二、布病疫苗的使用和注意事项

随着科学的进步与发展，针对布病现已有了很多防治措施，免疫预防是防治布病的有效措施之一。目前，国际上使用的疫苗主要有羊型 Revl 活疫苗、布鲁氏菌 19 号活疫苗、牛型 45/20 灭活疫苗等，国内主要有猪 2 号疫苗（S2 株）、羊 5 号疫苗（M5 株）和牛 19 号疫苗（S19 株）3 种疫苗。但是有不少人对布病免疫应注意什么不了解，根据实际经验布病免疫主要应注意以下事项。

① 免疫接种时间在配种前 1～2 个月进行较好，妊娠期母畜不进行预防接种。② 本疫苗对人有一定致病力，工作人员要做好防护，避免感染或引起过敏反应。③ 灌服免疫时，应严格按操作规程进行，保质保量的灌服在口腔之内。④ 弱毒疫苗对人有一定的致病力，工作人员大量接触可引起感染，接种人员应注意消毒和防护。使用疫苗时，也要注意个人防护，用过的用具须煮沸消毒。

三、开展溯源灭点调查活动

① 各地要以旗县市为单位，组织兽医和防疫人员开展第二阶段畜间流行病学调查，发现疑似病例时立即组织技术人员到现场进行流行病学调查和诊断，对发现有疑似病例的畜群在 7 天内做出诊断。② 各地要与卫生部门密切合作，要详细掌握辖区内布病发病人数和分布情况，并将布病病人的姓名、年龄、住址等基本信息以嘎查村为单位汇总登记，按照卫生部门提供的人间布病发病分布情况，在发病嘎查村或发牧户及周围开展调查、诊断，必要时邀请上级动物疫病预防控制中心协助进行调查确诊。

四、认真开展流行病学调查

（1）根据人间布病检测报告和畜间布病疫情观察报告，对疑似病例畜群、患病病人所养畜群进行全面调查确诊，确认疫点，对疫

点认真开展追溯性调查。调查内容包括：畜主、畜种、数量、品种、配种时间以及患病、流产、免疫、牲畜出售购入情况等，收集疫情发生时间、畜群和病人分布、流动等方面的资料。

（2）采集疫点所有易感牲畜和受威胁区 10% 牲畜血样进行实验室检测，对检出的阳性牲畜进行复检确认，并对检测结果进行汇总分析，为溯源灭点提供科学依据。

五、对阳性畜进行扑杀和无害化处理

检测出的布病阳性畜，由所在乡镇苏木负责，集中到统一设立的病畜临时隔离场，并安排人员临时喂养看管。本乡镇苏木所有疫点和受威胁区牲畜全部检测完成后，将集中的阳性牲畜统一进行扑杀和无害化处理，并做好相关记录、报告、扑杀登记备案。根据《实施方案》的有关要求，各级动物防疫监督机构对此项工作进行全程监督，并有文字和影像记录，同时有畜主、嘎查村、乡镇苏木、监督机构签字的档案资料。

六、对污染环境进行消毒灭源

对疫点牲畜棚舍等受污染环境进行消毒，出现的流产胎儿、胎衣、排泄物、乳及乳制品等，按照《病害动物和病害动物产品生物安全处理规程》（GB16548-2006）进行无害化处理。消毒用药由自治区统一免费提供。

七、紧急免疫

拔除疫点后，对疫点健康畜群和受威胁区的易感动物全部实施紧急灌服免疫。

八、补偿标准

检出的阳性畜进行全部扑杀无害化处理，给予畜主一定的补偿。补偿标准为成年羊每只 600 元。

九、补偿资金发放程序

检测结果结束后，立即集中隔离病畜，向畜主出具检测报告单和扑杀通知书，并与畜主签订扑杀补偿协议。病畜扑杀工作结束后，以乡镇苏木为单位汇总统计补偿资金，经动物卫生监督机构和兽医局审核确认后，以现金方式逐级支付给畜主。

十、配套措施

（1）做好对疫点的回访评估工作。6个月后对布病老疫点进行回访，对易感畜群采集10%的血样进行监测，对该区域布病防治效果与发生风险进行评估。

（2）强化检疫监管工作。严格执行《畜禽产地检疫规范》、《种畜禽调运检疫技术规范》和报批报检制度。加强产地检疫，特别是从未经血清学监测地区互换或调运牲畜，要全部进行血清学检测。异地调运的动物，必须来自非疫区，凭检疫合格证明调运，调入后按有关规定进行隔离、检疫。引进种畜要严格执行报批报检制度。

（3）做好消毒灭源工作。兽医部门要指导广大牧户做好消毒灭源工作，保持居住环境和畜牧业生产环境的卫生。尤其在接羔保育期间，对接羔点、牛羊圈舍环境进行消毒，对病畜流产胎儿、死胎、胎盘、羊水、流产物及排泄物所污染的褥草和场地进行严格彻底的消毒和无害化处理，操作人员要作好个人防护。

（4）加强宣传培训工作。要通过灵活多样的方式广泛深入开展布病防治知识的宣传，做到布病防控明白卡进村、入户，使养殖户充分认识布病的危害性，了解布病防治相关知识，形成群防群控的局面。

（本文发表在《兽医导刊》2011年第10期，

作者：霍金山，王明珠，韩永林，等）

炭疽病的发生与防治

一、炭疽病的病原、症状与诊断

1. 病　原

炭疽是由炭疽芽孢杆菌引起的一种人与动物共患的急性、热性、败血性传染病。易感染动物主要是牛、马、羊、驴等草食动物。人类主要通过外伤接触患病的肉类、食用肉类以及接触污染的皮毛等畜产品而感染患病。人感染炭疽杆菌的临床类型有皮肤炭疽、肠炭疽、肺炭疽及炭疽性脑膜炎型。

2. 症　状

发病畜均为最急性经过，仅能见到的病畜表现为全身战栗，呼吸困难，突然眩晕摇摆，磨牙，倒卧未等治疗即死亡。死后尸体迅速腐败，僵尸不全，从鼻孔流出泡沫样血液，也有的从肛门流出少量深色不凝血液。

3. 诊　断

化验室检验细菌学检验，在无菌无污染条件下采可疑炭疽病死畜耳送检。用常规方法制片染色，镜检可见大量单个、成对和短链状排列的带荚膜竹节状的粗大杆菌；细菌培养，把病料接种于普通琼脂培养基上，经 12 h 培养，低倍镜检查，可见大量卷发状菌落。途片染色可见与上相同的粗大杆菌；炭疽环状沉淀反应按操作规程进行，结果为阳性。

二、流行情况

1. 历史流行

据材料记载，炭疽病首次在科尔沁右翼前旗发生于 1950 年，到 1982 年全旗共有疫点 70 个，累计死亡牛 95 头、羊 16 只、马 15 匹。

发病1人。在疫区累计免疫家畜120万头（只、匹次）。

2. 近期流行

从1997年至2014年，炭疽病在科尔沁右翼前旗乌兰毛都苏木等地流行，疫点15处，疫点共存栏易感染动物（牛、羊下同）58 021头（只），发病111头（只），发病率0.19%，病死率为100%。其中，牛发病率为1.65%（70/4 236）；羊发病率为0.08%（41/53 785）；发病44人，死亡3人。在15个疫点中：牛、羊混合发病占66.67%（10/15）；牛发病占26.67%（4/15）；羊发病占6.67%（1/15）；人发病占86.67%（13/15）；无动物发病占6.67%（1/15）。其中，发生于乌兰毛都苏木乌兰河嘎查的疫情最为严重，发病时间是1998年7月12—28日，发病疫点为5处，疫点共存栏易感染动物4 403头（只），发病41头（只），发病率0.93%；病死率为100%。其中，牛发病率为6.98%（27/387）；羊发病率为0.35%（14/4 016）。

3. 流行特点

一是发病畜均是最急性经过，发现时易感染动物均死亡在放牧场上或圈舍内。二是发生于蚊虻活动的7—10月，特别是大雨过后的一段时间。三是最初散发于老疫区，对死亡畜的剥皮引起人的发病，方揭发出畜间疫情。四是从外地新进入到疫区的易感染动物易发病。五是人的发病特点：① 病人在剥炭疽病死畜皮时，有用刀或骨碰破皮肤的病史，占发病人90.91%（40/44）；② 发病人有在炭疽病流行时有被蚊虻叮咬的病史。

三、防治措施

炭疽病是一种散发性、地区性、季节性、人畜共患的烈性传染病，对病死畜的剥皮，引起人的发病方能揭发畜间疫情，使病原体形成芽孢，芽孢的抵抗力十分强，在土壤中能生存几十年，进入人畜体就可致病，成为永久性疫源地。所以一定要禁止剥皮食用病死畜，对病死畜尸体做焚烧炭化后深埋。在疫区和受威胁区，要建立免疫制度，对易感染动物每年进行一次、高质量的疫苗接种。实践证明：易感染动物免疫率低的时期，是炭疽病发病率高的时期，否则相反。因此，本病很难彻底消除。发现疫情后以封锁疫区、环境灭菌、紧急预防接种疫苗为原则。

（1）对可疑炭疽病死畜的尸体禁止解剖，用无污染的方法采集病料送检。对尸体焚烧炭化后深埋。

（2）封锁。在疫区主要路口设封锁消毒站，禁止动物及动物产品和污染物运出疫区，做好出入的消毒工作。限制动物在疫区内活动。

（3）对动物进行检查，发现可疑病畜隔离治疗，治疗以抗菌素为主。对健康畜进行紧急疫苗接种，牛、羊均皮下注射炭疽芽孢苗1mL。受威胁地区也要适时进行疫苗接种，几年来，全旗累计免疫易感染动物伍百万头（只、次）。

（4）做好环境灭菌工作，对畜污染的环境、用具用复合亚氯酸钠溶液（可佳）加水300倍液或20%漂白粉进行彻底消毒。

（5）卫生部门要对病人隔离治疗，提高人的自我保护意识，一是人与动物接触要穿防护服、戴胶手套和口罩。二是不剥病死动物皮、不吃不买不卖病死动物肉。

（6）疫情发生后，只要严格按炭疽病防制规程处理，采取以上措施，均能及时扑灭疫情。

（本文发表在《中国动物保健》2015年第3期，
作者：王明珠，王巧玲，常塔娜，等）

马流行性感冒的防治

马流行性感冒，是由正粘病毒科，流感病毒属，马 A 型流感病毒引起马属动物的一种急性、暴发式流行、高度接触性呼吸道传染病。该病的临床特征为发烧、结膜潮红、咳嗽、流浆液性鼻液、脓性鼻漏、母马流产等症状。与使役和饲养管理有关系。

在科尔沁右翼前旗的阿力得尔苏木，首先发生马流行性感冒（后简称马流感），在全旗流行。

一、基本情况

科尔沁右翼前旗辖 24 个乡（苏木、镇），5 个国营农牧场，3 个林业局，2 万 km²。牧业年度大小畜存栏 210 万头（只、匹），马属动物存栏 8.9 万匹。是以农业为主的半农半牧区。

二、流行情况

阿力得尔苏木，首先发生马流感，从 6 月在全旗流行至 7 月末。疫区内共存栏马属动物 89 157 匹，发病 73 814 匹，发病率为 75.2%；病死 51 匹，病死率为 0.07%。其中，发病较严重的是哈拉黑乡，共存栏马属动物 5 021 匹，发病 4 771 匹，发病率为 95%；病死 29 匹，病死率为 0.61%。流行特点：一是患马是主要传染源，康复马和隐性感染马在一定时间内也能带毒排毒。主要经呼吸道和消化道感染。感染动物仅为马属动物，不分年龄、品种、性别均易感。二是本病传播迅速，流行猛烈，发病率高，在全旗流行期为 2 个月。三是农区病死率高。

三、临床症状

本病潜伏期 1 ～ 2 d。主要症状最初 2 ～ 3 d 内呈现强烈的干咳，逐渐变为湿咳。初为水样鼻液而后变为黏稠鼻液。典型病例先表现

发热，体温上升到 39.5 C° 以上，稽留热 3 ～ 5 d。病马呼吸、脉搏频数，食欲降低，精神委顿，眼结膜充血水肿，流泪。病马在发热期表现肌肉震颤，肩部的肌肉最明显，病马因肌肉酸痛而不爱活动。如继发肠炎，出现拉稀、食欲完全废绝、脱水、自体中毒死亡。

四、病理变化

病理学变化为急性支气管炎、细支气管炎、间质性肺炎。

五、诊　断

根据流行病学、临床症状，确诊为马流行性感冒。据材料记载，根据 NP 抗原性，将流感病毒分为甲、乙、丙三型。这次流行的是甲型。

六、治　疗

停止使役、加强饲养管理和对症治疗为原则。早期用青霉素、病毒灵等抗菌素控制感染，可静脉滴注 1∶1 糖盐水 1 000 mL，维生素 C 2 ～ 4 g，氨苄青霉素 1 600 IU，用解热清肺散、克咳敏止咳。对继发肠炎的适时消炎、补液、调解酸碱平衡，防止脱水和酸中毒。

七、小结与讨论

（1）主要侵害上呼吸道，以频繁强烈的干咳为主要症状，具有发病率高、流行速度快、死亡率低的特点。疫情是从区外传入。

（2）病程为 2 ～ 3 周，与使役和饲养管理有关。如发生在农区的马属动物，由于使役可使病情反复，病程延长，从而继发肠炎而死亡。饲养管理好，发病轻，病程短。

（3）用上述方法对症治疗，效果好。

（本文发表在《兽医导刊》2015 年第 1 期，
作者：王巧玲，刘学，孙丽华，等）

·寄生虫病的防控·

用吡喹酮驱治牛羊胰吸虫、双腔吸虫的效果观察

胰阔盘吸虫病和中华双腔吸虫病在科尔沁右翼前旗普遍存在，尤以乌兰毛都牧区和乌兰浩特以北的半农半牧公社更为严重。经调查乌兰毛都公社牛胰吸虫感染率达 84.6%，巴达仍贵公社为 54.88%。绵羊胰吸虫感染率乌兰毛都公社阿林一合大队为 93.9%，巴达仍贵公社为 100%。据不完全统计 1982 年科尔沁右翼前旗发生胰吸虫病牛死亡 920 头，羊死亡 1 000 多只；因发生双腔吸虫病牛死亡 526 头，羊死亡 800 多只。全旗每年损失达 60 多万元。因此，牛羊胰吸虫病和双腔吸虫病的驱治工作已成为科尔沁右翼前旗畜疫防治工作的一项重要内容。

为了寻求驱治这两种寄生虫的有效方法，我们在外地有关报导的启发下，从 1982 年 12 月至 1983 年 1 月在乌兰毛都兽医站做了应用吡喹酮驱治牛羊胰吸虫和双腔吸虫的试验。1983 年 3—4 月又在巴达仍贵公社做了扩大试验。现将试验情况介绍如下。

一、材料与方法

1.试验药物

南京制药厂生产的吡喹酮粉剂和以其配制的浓度为 10%、15%、25% 的吡喹酮葵花籽油溶液。油剂的配制方法：在无菌条件下乳钵研磨吡奎酮粉剂并过滤，然后将葵花籽油高压灭菌，待油降温后加入研好的吡喹酮粉，搅拌至完全溶解即可。

2. 试验动物

经粪便检查（用水洗沉淀法）检出胰吸虫卵和双腔吸虫卵，并排除具有其他疾病的8头牛6只羊作为试验对象。其中，供剖杀进行蠕虫学检查的牛5头，羊6只。

3. 剂量及编组

将试验的牛羊按体质、性别分组编号。牛肌肉注射30 mg/kg体重，45 mg/kg体重，60 mg/kg体重3个组，每组2头牛，口服65 mg/kg体重1头，对照组1头，共分5组。羊肌肉注射30 mg/kg体重，45 mg/kg体重2组，每组每只口服75 mg/kg体重1只，对照组1只，共分4组。

4. 用药方法

吡喹酮油剂于牛羊颈部，臀部肌肉多点注射，注射前将药液适当加温；口服的吡喹酮粉剂用常水稀释，长颈瓶灌服。

5. 药效测定

给药后隔日进行粪检，观察虫卵变化情况。5～13 d剖检并进行蠕虫学检查。

活虫体：恒温水浴直观检查，虫体能蠕动；镜检虫体结构完整，及时观察能发现虫体口、腹吸盘的活动。

死虫体：恒温水浴直观检查，虫体不蠕动，虫体边缘有时不整齐，颜色变淡，变混浊。镜检虫体颜色不均匀，结构不完整，有的虫体或子宫断裂。

破碎虫体：虫体的一部分，镜检可见不完整的吸盘、子宫等。

二、试验结果

临床反应：给药后直到剖杀，供试动物无任何反应，精神、食欲、排粪、心跳，呼吸均无异常。

粪检结果：给药后有时出现未成熟虫卵。

药物吸收情况：吡喹酮葵花籽油溶液肌肉注射，药物一般在一周左右就可以完成吸收。葵花籽油存留时间较长，可达两周左右。

检出虫体情况：30 mg/kg 组的 2 号牛从胰脏检出 19 条胰吸虫，其中活虫 1 条，死虫 2 条，碎虫 5 条，童虫 1 条。45 mg/kg 组的 4 号牛在胰脏管末端检出 2 条胰吸虫，均已死亡。60 mg/kg 组的 5 号牛从胰脏内未检出胰吸虫，肝脏及胆囊内也未检出双腔吸虫。

残留虫体变化：（肉眼观察）死亡虫体经恒温水浴直观检查不蠕动，变化严重的虫体从口吸盘逐渐向后糜烂，残留有白色絮状物。镜检，有的死亡虫体在中后部糜烂，变薄，颜色不均，呈现断裂现象。有的虫体子宫形态改变，严重断裂。童虫由原来的鲜粉红色变成混浊的灰白色。

胰脏变化：胰管壁明显增厚，呈灰白色，胰管腔空虚。胆管变化不明显，有的胆汁镜检有双腔吸虫卵（详见表 1 和表 2）。

表 1　应用吡喹酮驱治牛胰吸虫和和双腔吸虫情况

组别	药物剂量（mg/kg）	用药浓度（%）	编号	体重（kg）	用药总量（g）	注射剂量（mL）	观察时间（d）	活虫	死虫	碎虫	童虫	相对驱虫率（%）	备注
								虫体残留					
1	30	15	1	343	10.3	68.7							未剖杀
		25	2	612	18.4	73.6	13	1	2	5	1	99.3	无双腔吸虫
2	45	25	3	296	13.3	53.2							未剖杀
		15	4	304	13.7	91.3	14	0	2	1	0	100	有 39 条双腔吸虫

（续表）

组别	药物剂量（mg/kg）	用药浓度（%）	编号	体重（kg）	用药总量（g）	注射剂量（mL）	观察时间（d）	剖检结果 虫体残留 活虫	死虫	碎虫	童虫	相对驱虫率（%）	备注
3	60	10	5	332	19.9	199	10	0	0	0	0	100	无双腔吸虫
		15	6	244	14.6	97.3							未剖杀
4	65	口服粉	7	304	19.8	口服	9	0	0	0	0	100	无双腔吸虫，胆汁镜检有该虫卵
5	对照		8	240	—		9	143	0	0	0	0	

表2　应用吡喹酮驱治绵羊胰吸虫和和双腔吸虫情况

组别	药物剂量（mg/kg）	用药浓度（%）	编号	体重（kg）	用药总量（g）	注射剂量（mL）	观察时间（d）	剖检结果 虫体残留 活虫	死虫	碎虫	童虫	相对驱虫率%	备注
1	30	15	1	35	1.05	7.0	7	0	0	0	0	100	未检出双腔吸虫
		15	2	29	0.87	5.8	7	0	0	0	0	100	未检出双腔吸虫
2	45	15	3	35	1.58	10.5	7	0	0	0	0	100	未检出双腔吸虫
		15	4	30	1.35	9.0	5	0	0	0	0	100	未检出双腔吸虫
3	75	粉	5	29	2.2	—	5	0	0	0	0	100	胰管壁镜检有虫卵
4	对照		6	40			5	15	0	0	2	0	有11条双腔吸虫

在上述试验的基础上，1983 年 3 月份我们在巴达仍贵公社共检查 215 头牛，检出胰吸虫，双腔吸虫阳性牛 118 头，并对其中的 55 头用吡喹酮进行了驱虫试验（油剂吡喹酮肌肉注射，剂量 45 mg/kg）。

当年 6 月进行了驱虫效果调查，经粪便检查的 5 头牛均未检出胰吸虫和双腔吸虫卵。剖检 2 头牛胰脏内未检出胰吸虫，肝胆内也未检出双腔吸虫。

三、小　结

（1）试验证明：吡喹酮驱除牛、羊胰吸虫，双腔吸虫效果显著，一次给药就能够完全驱除。牛按 30 mg/kg 体重肌肉注射时相对驱虫率为 99.3%，按 45 mg/kg 体重肌肉注射或按 65 mg/kg 体重口服相对驱虫率均为 100%；绵羊按 30 mg/kg 体重肌肉注射或 75 mg/kg 体重口服相对驱虫率均为 100%。同时本药对成虫及童虫均有效，给药后安全，临床上无任何反应，是目前驱治这两种吸虫较为理想的药物。

（2）从试验结果，牛以 40 mg/kg 体重肌注，口服 75 mg/kg 体重为宜。

（3）据目前的药价，每头牛平均体重按 350 kg 计算驱虫约需药款 15.00 元；口服约需 21.00 元。平均体重羊按 40 kg 计算约需 1.30 元；口服驱治约 3.00 元。可见，肌肉注射比口服具有经济、高效的特点，更有推广价值。

（4）驱治时间：根据胰吸虫和双腔吸虫的生活史，科尔沁右翼前旗八月份阳性陆地蜗牛中 70% 含有胰吸虫成熟孢蚴，到 9 月正是中华草蠡含有成熟囊蚴的季节，这时胰吸虫的第二个中间宿主活动能力降低，易被牛、羊所吞食，所以，正是牛羊感染胰阔盘吸虫的主要季节。在 7—8 月双腔吸虫的第二个中间宿主含有大量的成熟囊蚴，也是牛羊感染中华双腔吸虫的第二个高峰季节。所以，在 10—

11月应用吡喹酮驱治牛、羊胰吸虫和双腔吸虫能够获得彻底驱除的良好效果。同时，10—11月驱除虫也有利于牛羊过冬保膘，净化牧场，消灭病原体，起到预防作用。

（本文发表在《内蒙古畜牧业》1984年第4期，

作者：巴根，马德海，王明珠，等）

应用氢溴酸槟榔碱驱除犬绦虫

科尔沁右翼前旗的乌兰毛都是一个牧区公社，1982 年年末，养羊 259 622 只，有羊包 300 多个。跟随出包牧犬有 1 600 余条。

多年来，由于牧犬感染有多种绦虫，特别是多头绦虫和细粒棘球绦虫（后简称两种绦虫）每年都有不少羊死于多头蚴病和细棘粒球蚴病（后简称两种绦虫蚴病），给牧业生产带来一定的损失。据 1982 年，对两个大队，45 条犬的调查表明；多头绦虫平均感染率 55.5%，最高感染强度是 258 条；细粒棘球绦虫平均感染率 24.4%，最高感染强度是 5 265 条，1981 年，阿其郎图大队，一个羊包因细粒棘球蚴病羊的死亡率达 8%；阿林一合大队，一个羊包因多头蚴病羊的死亡率达 4.8%。

为开展犬的驱绦灭蚴工作，我们对乌兰毛都公社游牧的 1 600 余条犬进行了驱绦。驱绦后经过调查，羊多头蚴病的死亡率比驱绦前降低了 1.31%，收到了明显的经济效果。

一、材料与方法

① 驱虫药物；氢溴酸槟榔碱，系内盟古自治区药品监察研究所人工合成，白色稍带黄色粉末，易溶于水。该药以每 kg 体重 2 mg 的剂量口服，对犬的多头绦虫和泡状带绦虫驱虫率是 100%；对细粒棘球绦虫的驱虫率在 99.8% 以上。据此，我们用该药对同一放牧场上的犬全部驱绦，消灭羊绦虫蚴病的感染来源，以求达到预防羊两种绦虫蚴病的目的。② 调查一个大队驱绦前与驱绦后羊两种绦虫蚴病的死亡数和死亡率相比较。③ 计算驱虫后所收到的经济效益。

二、调查结果

驱虫前羊两种绦虫蚴病死亡数；1982 年 3 月；在阿林一合大队，

调查了 9 个羊包。共养羊 6 694 只，在前一年内（1981.3—1982.3）因多头蚴病死亡羊 137 只，死亡率是 2.05%：因细粒棘球蚴病死亡羊 35 只，死亡率是 0.25%。全公社共养羊 294 270 只，按上死亡率计算，一年内两种绦虫蚴病共致死羊 7 563 只，如果每只羊平均折款 40 元，在经济上可损失 302 520 元。

驱虫后羊多头蚴病的死亡数；1982 年 3 月。乌兰毛都公社对游牧的 1 600 余条犬进行了驱绦。其中，阿林一合大队 34 条犬进行了驱虫，1983 年调查了该大队，共养羊 5 445 只，因多头蚴病死亡羊 35 只，死亡率是 0.64%，比驱绦的前一年少死羊 102 只，如果按此死亡率计算，1982 年乌兰毛都公社因多头蚴病死亡羊 1 883 只，比上年少死羊 5 680 只，可增加收入 227 200 元。而全公社驱绦药费仅需 640 元，所收到的经济效益费是药费的 355 倍。

三、讨 论

（1）应用氢溴酸槟榔碱一年给犬驱一次绦虫，预防羊多头蚴病当年可见效，死亡率明显下降，乌兰毛都公社一年可少死羊 5 680 只。以上还没有计算预防细粒棘球蚴病和牛绦虫病所收到的效益。因此，对犬驱绦后，实际经济效益要比这高。

（2）经过应用，我们认为，氢溴酸槟榔碱的优点是：易溶于水，投药方便，剂量小，疗效高，作用迅速是驱除犬绦虫的较好的药物。

（3）给犬驱绦后仍有少数羊发生绦虫蚴病，我们认为与下列因素有关：一是科右前旗面积大，给犬驱绦，避免不了有漏掉的；二是牧场上有野犬流窜；三是有野生肉食动物如狐狸、狼等出现，它们都可能保存病源，污染草场，而发生绦虫蚴病。

（本文发表在《内蒙古畜牧业》1985 年第 6 期，

作者：王明珠，青龙）

应用丙硫苯咪唑驱除绵羊寄生虫效果好

　　丙硫苯咪唑是目前最优的一种广谱，高效、低毒的抗蠕虫新药，对牛、羊、猪、禽的线虫、吸虫、绦虫及绦虫蚴都有良好的驱杀效果。从 1984 年 11 月至 1985 年的 6 月，在乌兰毛都苏木阿林一合嘎查用丙硫苯咪唑驱绵羊寄生虫，收到显著的效果。

一、材料与方法

　　1. 寄生虫种类调查

　　据流行病学调查，该地中华双腔吸虫、线虫分布广，有的羊群感染率高达 100%。1984 年 11 月在该地随机取 5 只绵羊，经蠕虫学剖检，结果是 5 只羊全部感染中华双腔吸虫，感染强度是 699 ～ 3 012 条，线虫（包括钩虫、结节虫，夏伯特线虫，棕色胃虫等），感染强度是 2 ～ 150 条；胰吸虫感染强度是 8 ～ 839 条。据试验地调查，1980 年至 1984 年冬春季节由寄生虫病致死的羊平均占 4.03%。寄生虫病使母羊体质瘦弱，营养不良，产后无奶，产下的羔也体弱，易罹疾病。五年间因病死亡羔羊占 20%。

　　2. 试验药物来源

　　丙硫苯咪唑由内蒙兽医站提供，为杭州第三药厂生产的片剂。批号 831205，每片含量为 200 mg。

　　3. 试验动物

　　从阿林一合嘎查舍旺的羊群（细毛羊群）内取 50 只母羊（一岁 10 只、成年羊 40 只），供试验用。对 370 只母羊做扩大驱虫试验。

　　4. 试验分组、时间及剂量

　　分组：本试验分二组，要求逐只称重。按体重、年龄、体况分成两组，各 25 只羊。第一组为驱虫组，第二组为对照组。

驱虫时间：1984 年 11 月。

结束时间：1985 年 6 月。共观察 7 个月。

剂量：绵羊以 30 mg/kg 的剂量一次口服。

测效方法：在同样饲养管理条件下，于 1985 年 6 月对二组羊的平均体重（剪毛前）、成年羊存活数、羔羊成活数、剪毛量、毛长等五次指标进行测效。

二、观察结果

经过 7 个月的观察，对试验羊 25 只，对照羊 23 只的情况报告如下。

1. 体　重

驱虫组有 60% 的羊体重增加，最多增长 7.5 kg。平均增重 1.6 kg；对照组羊有 82% 的羊体重减少，最多减少 6 kg，平均减少 2.6 kg。

2. 试验羊死亡数

驱虫组的 25 只羊未死亡，保活率为 100%；而对照组死亡 2 只。死亡率为 8%。

3. 羔羊死亡数

驱虫组成年母羊 20 只，接羔 20 只，羔羊成活率为 100%；对照组剩 18 只母羊，接羔 18 只，死亡羔羊 4 只，死亡率是 22.22%。

4. 剪毛量

驱虫组羊平均剪毛 3.35 kg，对照组 3.05 kg，驱虫羊比对照羊平均多剪毛 0.3 kg。

5. 毛　长

驱虫组羊平均毛长 7.3 cm 对照组 6.7 cm，驱虫羊比对照羊平均毛长增加 0.6 cm。提高了羊毛的工业价值。

实验结果表明，在同等饲养管理条件下，从上述 5 项指标看，驱虫组比对照组好。按经济收入计算每只驱虫组羊比对照组羊多增加收入 8.43 元，而每只驱虫羊药费仅需 1.00 元，收入是药费的 8 倍。

对同群的 370 只母羊进行扩大驱虫试验，均表现膘情好，抗灾能力强，母羊乳汁量多，羔羊体壮。多年发生羔痢的疫点，今年没有发生。

三、讨　论

从经济收入上看是合算的。按前述计算，此法若在科尔沁右翼前旗 23 万母羊中推广应用，每年可使牧民增加收入 193 万元，扣除药费 23 万元，可纯盈利 170 万元。此外，成年羊死亡率降低 8%，羔羊降低了 22.22%，每年可多成活羊近 7 万只。

通过实践证明。此药具有使用方便、安全、驱虫谱广、剂量小、收效高等优点。建议有关部门推广应用。

（本文发表在《内蒙古畜牧业》1985 年第 12 期，

作者：王明珠，青龙）

家畜驱虫注意事项

开展家畜驱虫是冬季家畜保膘和安全越冬的一项有效措施。只有选准驱虫时间和合理的驱虫药物和方法，才能收到良好的驱虫效果。一般在家畜驱虫上应注意以下几点。

（1）对本地区的家畜寄生虫病进行调查，可通过粪便虫卵检查和畜体解剖等方法，确定本地区对家畜危害严重的虫种，然后根据虫种选用有效的驱虫药物。

（2）确定驱虫时间，游牧的畜群要注意抓住春秋两季的出场和回场时进行驱虫，驱完虫就离开旧的放牧点，以防幼虫的重新感染。不出场的畜群应在每年的 3 月和 11 月进行驱虫。驱虫后所排粪便要堆积起来，用生物热的方法处理。

（3）驱虫的药物剂量要准确，若大批驱虫，驱虫前要做小群驱虫试验，确认药物安全有效后再大面积推广应用。

（4）采用复合用药的方法，如同一畜体寄生多种虫体时，要采用复合用药的方法，即选用对多种虫体有效的两种以上药物一次投放。达到驱除多种虫体的目的。

（5）给药方法可采用人工口服法，大批驱虫也可采用药物饮水法和药物拌料法，但要提前做小群驱虫试验。

（6）对驱虫家畜进行详细观察，如发现有中毒症状要及时解毒，防止发生中毒死亡。

（本文发表在《内蒙古畜牧业》1988 年第 12 期，

作者：王明珠）

内蒙古自治区大兴安岭南麓山区绵羊胰阔盘吸虫、中华双腔吸虫流行病学调查

内蒙古自治区（以下简称内蒙古）大兴安岭南麓地区各旗县的牧场均有不同程度的胰阔盘吸虫病和中华双腔吸虫病的流行。为了进一步在本地区对此二种危害严重的吸虫病进行防治，我们于1984—1985年抽样检查了大兴安岭南麓丘陵及山区不同旗县的11个羊队部分羊只的粪便，来了解羊群感染此二吸虫情况。并在突泉双城水库羊队牧地进行流行病学调查。

一、调查结果

1. 丘陵山地羊群感染胰阔盘吸虫和中华双腔吸虫的情况

应用粪便清洗沉淀抽样检查各旗县牧场羊群感染胰阔盘吸虫和中华双腔吸虫的情况，其结果如表所示。

表 1　各旗县牧场羊群感染胰阔盘吸虫和中华双腔吸虫的情况

调查地点	检查羊数（只）	胰阔盘吸虫			中华双腔吸虫		
		阳性羊（只）	感染率（%）	虫卵数/3 g 粪	阳性羊（只）	感染率（%）	虫卵数/3 g 粪
浩特饲养场	50	16	32.0	1～13	4	8.0	1
扎旗种畜场	15	6	40.0	1～13	10	66.7	1～51
突泉保石乡羊队	37	19	51.4	1～47	8	21.6	1～29
杜尔基苏木牧场	10	1	10.0	1	3	30.0	1～8
杜尔基西里花牧场	8	4	50.0	4～44	5	62.5	2～34
绿水种畜场	20	0	0	0	0	0	0
索伦马场羊群	5	2	40.0	7～12	3	60.0	1～21
索伦马场三队	16	7	43.8	1～4	4	25.0	1～3
索伦马场二队	25	20	80.0	1～54	6	24.0	1～9
突泉保石牧场	28	7	25.0	1～7	17	60.7	1～19
双城水库羊队	45	38	84.4	1～217	42	93.3	1～166
合计	239	105	43.9	1～217	80	33.5	1～166

2. 突泉双城水库羊队牧地陆地蜗牛感染胰阔盘吸虫和中华双腔吸虫的情况

该队羊只两种吸虫感染严重，我们采集了羊群活动场所的陆地蜗牛进行了镜检。结果共检陆地蜗牛 2 015 个，胰阔盘吸虫阳性 69个，感染率为 3.42%，其中，含母胞蚴 1 个，中期子胞蚴 9 个，未成熟子胞蚴 55 个，成熟子胞子 24 个；中华双腔吸虫阳性 141 个，感染率为 6.99%，其中含母胞蚴 13 个，早期子胞蚴 26 个，未成熟子胞蚴排出季节在 7—8 月，中华双腔吸虫的阳性螺均极少或无成熟子胞蚴。而 5 月份查获的阳性螺均见到有较多的成熟子胞蚴或接近成熟的未成熟子胞蚴。

3. 突泉双城水库羊队牧地昆虫宿主感染两种吸虫囊蚴的情况

（1）胰阔盘吸虫昆虫宿主的调查：经调查该吸虫的昆虫宿主为中华草螽（Conocephaluschin-ensis）。仅在山下草场上，于 1984年 9 月中旬捕到中华草螽 171 只（雌螽 118 只，雄冬 53 只），剖检共查出 9 只（5.26%）阳性，其中，5 只雌螽（4.24%），4 只雄螽（7.55%）各阳性螽含本吸虫囊蚴 19 ～ 420 粒，平均 233 个，都是成熟囊蚴。在此山陵地区观察到的完全相似。说明该地区本吸虫感染季节亦主要在 9 月。

（2）中华双腔吸虫昆虫宿主的调查：双城水库羊队牧区中华双腔吸虫的昆虫宿主为黑玉蚂蚁（F-ormicegagates），除此之外尚有Camponorussp.Formica sp. 等 4 种蚂蚁。于 1984 年 9 月中旬从山上草场掘蚁窝检获的 1 965 只黑玉蚂蚁查到 144 粒本吸虫成熟囊蚴；从山下的 397 只黑玉蚂蚁中检出 4 751 粒囊蚴，均已成熟。

二、讨论与小结

内蒙古东部地区牛羊胰阔盘吸虫及中华双腔吸虫二吸虫病流

行区域甚广，在大兴安岭南麓山区通过本次抽查不同地点的 11 个羊队，除前旗绿水种畜场未查到阳性羊之外其他各羊队均有此二吸虫的感染。各羊队胰阔盘吸虫和中华双腔吸虫平均感染率分别为43.9% 和 33.5%。突泉双城水库羊队二吸虫的感染率分别高达 84.4%和 93.9%。经对该处羊队所有活动地点二吸虫贝类宿主和昆虫宿主的调查，发现在山下的冬季草场（此草场也是羊群于夏季每日傍晚饮水后逗留地点）、二吸虫的贝类宿主枝小丽螺数量及感染率均高过山上，二吸虫的昆虫宿主的感染率和感染强度亦均高过山上并与大草甸上的情况相似。

突泉双城水库虽系山区，气温稍低于在平地的大草甸，从 9 月及翌年 5 月二次各中间宿主的调查及其体内二吸虫各幼虫期发育的状况观察结果，说明该处二吸虫幼虫期在外界传播时期及牛羊在进行本调查工作和本盟内大草甸地点相同。如我们在进行本调查工作过程于 1984 年 6 月分离出的二吸虫阳性蜗牛，三个胰阔盘吸虫阳性蜗牛其排成熟子胞蚴时间从 7 月 10 日和 13 日开始，终止于 7 月 25日、8 月 11 日和 16 日，排出的成熟子胞蚴条数分别为 131 条、176条和 177 条。这情况与我们在 9 月检获的阳性草螽含成熟囊蚴情况符合。我们另分离出 7 个中华双腔吸虫的阳性蜗牛，它们从 6 月 30日到 7 月 16 日半个月多的时间内把其体内本吸虫的黏球全部排光，共排大小黏球 73 团，这情况亦与我们于 9 月份从该地黑玉蚂蚁中查获大量本吸虫成熟囊蚴的情况相符。说明在大兴安岭南麓无论山陵地带的牧场或是大草甸牧场，牛羊感染此二吸虫的主要季节均在每年 9 月。

（本文发表在《中国兽医科技》1990 年第 3 期，

作者：顾嘉寿，刘日宽，李庆峰，等）

谈绵羊蠕虫病的流行与防治

科右前旗有 24 个乡苏木镇。1987 年 6 月末存栏绵羊数达 44 万多只。在养羊业中，每年的 2—4 月都发生绵羊的瘦弱，趴窝、死亡为主要症状的疾病。经多次现地剖检和流行病学调查，确诊为蠕虫病。从 1987 年开始用广谱驱虫药丙硫苯咪唑开展驱虫工作，控制了死亡，取得了显著的经济效益。

一、绵羊的蠕虫种类和感染情况

在两次普查中，对 18 个单位 374 只绵羊进行蠕虫学检查，共检出体内外寄生虫 37 种，隶属于：3 门、6 纲、9 目、19 科、29 属、37 种。其中，蠕虫有 27 种。而对绵羊感染率高危害严重的有 5 种。如双腔吸虫感染率为 86.7%，最高强度为 5 570 条；胰阔盘吸虫感染率为 52.3%，最高强度为 1 230；结节虫感染率为 90%，最高强度为 812 条；捻转胃虫感染率为 50.3%，最高强度为 690 条。线虫和吸虫混合感染率为 70%。线虫和绦虫对 1～2 岁羊危害严重；吸虫对大羊感染强度逐渐增大，危害也加重。

二、蠕虫对绵羊的危害

感染蠕虫的绵羊，轻者影响羊的生长发育，使产毛，产肉等生产性能降低；严重者造成死亡。如：1985 年 3 月，永丰水库羊场爆发多种寄生虫病。绵羊死亡率为 22.2%（70/315），二岁羊死亡数占死亡羊总数的 50%（35/70）。因大羊瘦弱和死亡，使羔羊死亡率达 57.7%（60/104）。1987 年 5 月，古迹等 3 个乡 9 个养羊户因上一年冬天未驱虫，羊因蠕虫病死亡率为 31.4%（341/1 087），其中，2 岁羊死亡率占死亡羊总数的 64.2%。

三、绵羊蠕虫病在本地区的流行特点

（1）分布的地区性：吸虫类在 16 乡苏木镇流行，优势虫种为双腔吸虫和胰阔盘吸虫。线虫类在全旗普遍存在，农区和半农半牧区结节虫为优势虫种。

（2）发病的季节性：绵羊在夏秋大量感染幼虫，到第二年春季发育为成虫。绵羊从冬季到春季逐渐消瘦，在 2—4 月绵羊出现死亡之高峰。少数羔羊在 8—10 月份发生捻转胃虫病，死亡率也较高。

（3）病程的缓慢性：夏秋季绵羊感染上各种寄生虫后，由于膘情好，抗病能力强，不表现症状。从冬季到春季由于草料营养缺乏，而幼虫逐渐发育为成虫并出现体内成虫高峰（4—5 月），并表现逐渐消瘦，趴窝死亡。

（4）寄生虫种类繁多，感染具有普遍性：在一只绵羊体内检出十几种寄生虫是常见的。而且感染强度都很大。不感染寄生虫的羊几乎没有。

四、防治绵羊寄生虫的经济效益

根据科尔沁右翼前旗绵羊蠕虫病的流行特点和危害的严重性，从 1987 年开始，选用广谱驱虫药丙硫苯咪唑于 11—12 月进行全面驱虫。3 年累计驱治羊 100 多万头只（次），调查了 101 个驱虫户。大羊冬春死亡率平均为 1.83%（251/13 731）、羔羊死亡率 9.68%（665/6 869）；而未驱虫的 44 个养羊户，冬春大羊死亡为 7.56%（352/4 654），羔羊死亡率为 23.1%（383/1 658）。驱虫羊和未驱虫羊比较，大羊死亡率下降了 5.73%，羔羊死亡率下降了 13.4%。按此死亡率计算，全旗开展羊驱虫后，每年可多成活大羊和羔羊 5 万多只。以每只羊 200 元折算，创经济效益 1 千万元以上。

五、今后防治绵羊蠕虫病的意见

（1）加强预防性驱虫工作，提高驱虫密度。要选用对线虫，吸虫有驱杀作用的药物，于 11 月对绵羊进行驱虫。提倡于 3 月对 2 岁羊进行第二次驱虫。

（2）加强科学放牧、科学管理，推行划区轮牧。在吸虫感染季节避开吸虫感染区放牧。

（3）筛选对胰阔盘吸虫有驱除作用的药物推广应用。应开展羊鼻蝇蛆病的防治。

（4）用化学方法或生物学方法，除灭吸虫类的中间宿主，达到控制本病的目的。

（本文发表在《当代畜禽养殖业》1994 年第 10 期，

作者：王明珠，徐淑云）

猪囊虫病基因工程疫苗的区域试验

为了防制猪囊虫病，我们利用基因重组技术制备了猪囊虫病基因工程疫苗，已完成了该疫苗的动物免疫预防试验、田间试验及免疫治疗试验，结果显示该疫苗的安全性良好，免疫保护率达90%以上，具有广阔的推广应用前景。根据《兽用生物制品规程》的有关规定，该疫苗要进行产业化生产，还需进行区域试验以进一步验证疫苗的安全性和免疫效力。为此，我们按《规程》的要求，使用4批中试产品进行区域试验，共免疫猪20 681头。经过一年多的试验，获得了满意的结果。

一、材料与方法

1. 试验猪

经内蒙古自治区畜牧厅批准，区域试验选择在猪囊虫病高发区的该区某旗的13个乡的162个自然屯进行。2～3月龄的刚断奶的仔猪共20 681头，散养在农户家中，猪圈均为开放式。

2. 疫　苗

猪囊虫病基因工程疫苗为中试产品，委托江苏省农科院畜牧兽医研究所畜禽生物制品车间生产，实验用疫苗的批号分别为：980926、981006、981009、981016。

3. 试验方案

选择猪囊虫感染的高发季节10月开始进行免疫预防接种。研制单位与旗兽医站、旗兽医站与其下属各级机构和养猪户分别签订合同，明确职责。研制单位负责技术指导；旗兽医站负责制订实验计划、组织协调及试验结果的总结等工作；乡兽医站负责试验的具体实施；畜主需协助试验人员观察疫苗的安全性，并要求尽量不要外

卖试验猪，如外卖，要报告新畜主，变更登记。

4. 登记编号

试验人员按旗兽医站下发的登记表逐项登记，包括乡名、村名、畜主姓名、编号、疫苗批号、注苗时间、主要特征（性别、日龄、毛色等）及主要试验指标（安全性与免疫力），所有试验猪左耳打号切口 0.5 cm 左右，全旗联网，在全旗发现左耳打号的猪均为本试验猪，需追踪来源。

5. 接种方法

疫苗的用法和用量按照说明书执行，每猪颈部肌肉注射疫苗0.5 mL。

6. 观察方法按旗兽医站制定的《猪囊虫病基因工程疫苗区域试验的实验计划》进行。

（1）安全性观察。由畜主和村兽医防疫员共同进行，主要观察注射疫苗后 15 d 内注射局部有无肿胀、化脓、溃烂等局部反应及有无发热、饮食欲、排泄和精神状态异常等全身反应；还要观察整个试验期间试验猪死亡，生产性能（生长发育、繁殖等）有无异常。

（2）疫苗的免疫效力观察。在畜主家宰杀的试验猪，由乡兽医站检验员和村兽医防疫员共同进行；在生猪定点屠宰厂宰杀的试验猪，由屠宰厂检验员进行。要求试验猪必须全部在屠宰后按照"四部"规程进行囊虫检查。主要剖检咬肌、膈肌及腰肌，有囊虫的猪还需计算每 40 cm^2 的囊虫数以评价感染程度，并观察囊虫的形态变化。

7. 猪囊虫抗体的检测

在两个试验乡各抽检免疫猪 100 头，采血两次，第一次在注苗前于前腔静脉采血 1～2 mL，间隔 80 d 后对同一猪再次采血

1～2 mL。采用间接 ELISA 检测免疫前后猪血清囊虫抗体，检测试剂盒由南京军区军事医学研究所生产，批号：980629。

8. 血清 CA 的检测

对上述血样本检测猪囊虫循环抗原（CA），以了解试验猪的囊虫感染状态和 CA 的变化。其检测方法为 McAb ELISA 双抗体夹心法，其试剂盒获国家卫生部新药证书和试生产批号，由南京军区军事医学研究所生产，批号：981029。

二、结　果

1. 囊虫抗体的检测

检测 200 份同一免疫猪血清，免疫前和免疫后猪囊虫抗体阳性数分别为 4 和 191，免疫后抗体转阳率 93.5%（187/200）。

2. CA 检测结果

检测 200 份同一免疫猪血清，免疫前和免疫后猪囊虫循环抗原（CA）的阳性数分别为 11 和 5。

3. 资料回收情况

全旗共使用基因工程疫苗免疫猪 20 681 头，分布在 162 个自然屯的农户家饲养，共回收到 20 036 头试验猪的完整资料，占整个试验猪的 96.88%。未回收到资料的 645 头，其中，出卖 548 头，死亡 97 头。

4. 安全性

20 头试验猪有轻微的局部反应，占总数的 0.096%，其主要症状是注射疫苗后局部出现轻微红肿，并在 2～3 d 内消退。有 174 头猪出现减食或停食 1～3 次，占 0.84%。有 2 头猪在注苗后 15 d 内死亡，占注苗猪的 0.009%；有 95 头猪在注射疫苗 15 d 以后死亡，占注苗猪的 0.46%。本旗近年来饲养生猪正常死亡率约 3.5%。

5. 免疫效力

发现有囊虫的猪 42 头，占 0.21%（42/20 036），其中，轻度感染 26 头，中度感染 12 头，重度感染 4 头。发现的囊虫多见囊液减少，虫体变小，囊膜不透明或增厚等退行性变化。

在试验地区同期检验未免疫猪 5 190 头，囊虫病猪 280 头，占 5.4%，其中，轻度感染 53 头，中度感染 132 头，重度感染 95 头。近两年（1997 年度和 1998 年度）的囊虫病检出率分别为 10.0% 和 7.55%，结果如表所示。

表　区域试验结果总结

批　号	9980926	981006	981009	981016	合　计
接种猪数	4 186	6 467	5 720	4 308	20 681
实际观察猪数	3 998	6 278	5 632	4 128	20 036
死亡猪数	0	2	90	5	97
局部反应头数	2	10	5	3	20
全身反应头数	20	58	47	49	174
发现囊虫猪数	9	11	14	8	42

三、讨　论

内蒙古自治区某旗是猪囊虫病的重流行区，据调查，20 世纪 90 年代初猪囊虫平均感染率为 17.1%，严重感染的自然屯高达 30%；1990 年 12 月份，在群众过年杀猪时调查，囊虫阳性率为 9.8%；在本地区生猪定点屠宰厂的肉检中，1996 年囊虫阳性检出率为 9%，从 1997 年 6 月至 1998 年 4 月的 22 个月囊虫阳性检出率为 8.9%（是经临床检查无囊虫的猪）；可见猪囊虫病在该地区感染率是很高的，危害也是很大的。

本试验共免疫猪 20 681 头，实际回收到 20 036 头猪的全部资

料，占 96.88%。在注射局部有 20 头猪有轻微水肿，仅为 0.096%；有 174 头猪出现减食或停食 2～3 次，且减食或停食的试验猪主要来自采血的猪；整个试验期间共死亡试验猪 97 头，占 0.48%，而该区生猪饲养正常死亡率为 3.5%。这说明该疫苗的安全性良好。剖检所有试验猪，猪囊虫阳性率 0.21%，与同期未免疫猪的猪囊虫阳性率为 5.4% 相比较，已显著下降（$P < 0.01$），且免疫猪检出的囊虫出现不同程度的退行性变化，这表明猪囊虫病基因工程疫苗免疫效力高，已达到应用水平。也进一步证明了实验室研究和田间试验的研究结果，该疫苗安全性好，免疫效力高。

从抽检血清抗体的检测结果可知，抗体阳性数由免疫前的 4 升为 191，抗体阳转率达 93.5%。这表明该疫苗可较好地刺激猪体产生抗体反应。但低于以前报道的抗体阳转率为 100%，可能与自然条件下饲养的猪比较复杂有关。

本试验选择在 10 月份进行，此时北方秋收已结束，农民将所有猪全部放养，猪易与人粪便接触，是猪囊虫感染机会最高的季节，试验猪在注射疫苗之前就可能已感染囊虫。抗原与抗体的抽检结果也证明，刚断奶的 2～3 月龄仔猪的囊虫感染率高达 5.5%。由于体试验使用的囊虫病基因工程疫苗对猪囊虫早期感染具有良好的免疫治疗作用，对感染后 1 个月的囊虫病猪的治愈率达 100%。这可能不会影响该疫苗的免疫预防作用，从注苗后 80 d 对同一猪再次检测 CA，阳性数由 11 降为 5，也表明该疫苗的免疫治疗作用。

综上所述，猪囊虫病基因工程疫苗安全、毒副作用小，免疫预防效果好，受到用户欢迎，值得进一步推广应用。

（本文发表在《中国人兽共患病杂志》2001 年第 3 期，

作者：唐雨德，刘玉，顾志香，等）

猪囊尾蚴细胞疫苗的区域试验研究

2000 年 4 月 28 日，国家"九五"重大科技攻关项目："猪囊尾蚴细胞疫苗开发研究"通过国家鉴定。鉴定认为："该研究首次采用了细胞工程技术，解决了猪囊尾蚴抗原的工厂化生产技术，具有国际领先水平。确定了细胞苗的制备方法，初步建立了生产工艺，生产的细胞苗具有良好的免疫保护力，达到国际先进水平"。

猪囊尾蚴细胞疫苗学研究，开始于 20 世纪 80 年代初，至今已近 20 年了。1986 年，在中国畜牧兽医学会寄生虫学分会成立大会上，李靓如做了猪囊尾蚴细胞培养已传代 20 多代的学术报告。并相继发表了"猪囊尾蚴细胞培养与染色体制备""猪囊尾蚴组织培养攻克猪囊尾蚴病难题——多细胞疫苗免疫控制获得成功"的报告，1994 年 9 月 20—24 日在国际人兽共患寄生虫病学术会议上宣读了唯一的"猪囊尾蚴免疫研究 Study on Immunity of Cysticercus cellulosae"的论文，和在 1995 年出版的《医学寄生虫体外培养》一书中的"猪囊尾蚴组织培养"等论著，初步解决了猪囊尾蚴组织培养、培养物的抗原性及其对使用对象动物（猪）的免疫原性等问题。但是猪囊尾蚴细胞系并未建立，猪囊尾蚴细胞系的生物学性质尚未了解。而在科学上，只有鉴定的细胞系才能进行研究和生产生物制品。

因此，当 1996 年 11 月 1 日承担了国家"九五"科技攻关项目："猪囊尾蚴组织细胞疫苗的研究"（编号 96-005-02-02-06）课题之后，首要的任务便是进行猪囊尾蚴细胞系的建立及其生物学性质的研究。1997 年 7 月 7 日"猪囊尾蚴 CC-97 免疫细胞系的建立及其生物学性质的研究"通过鉴定，结论是达到"国内首创、国际领先"的科学水平。颁发了成果证书，定为绝密级国家秘密技术，并为多家传媒

进行了图、象、声、文报道。

1997年10月国家下达的"九五"重大科技攻关项目："猪囊尾蚴细胞疫苗开发研究（编号96-005-02-05）课题，任务是研制出优质、高效的猪囊尾蚴细胞疫苗。根据农业部第五号命令要求。该疫苗研制包括实验室动物实验、田间试验、中间试制和区域试验4个阶段的菌（毒、虫）种的选育和鉴定，细胞系的工业化生产，细胞系细胞、代谢产物以及细胞加代谢产物的毒力、抗原性、免疫原性、稳定性、特异性测定，免疫佐剂，疫苗质量标准、生产工艺，疫苗的剂型、剂量、免疫途径、免疫适应期，制品的安全性、免疫力、免疫期、保存期，以及田间试验、中间试制，本课题还增加了疫苗的免疫治疗作用的试验等30余项研究内容。本文是关于区域试验的研究报道。

一、材料与方法

1. 材料

（1）疫苗：用本课题在吉林生物制品厂GMP车间生产的批号为980918、981106、990312三批猪囊尾蚴细胞灭活冻干疫苗和批号为980915、981106、990302、990309四批猪囊尾蚴细胞灭活油乳剂疫苗。

（2）试验动物：主要是选择试验点的问题，选点要求在全国南、北方地区和猪的不同品种、品系。南方选在四川省阿坝州，北方选在内蒙古兴安盟，5～15日龄或55～65日龄仔猪。

2. 方法

（1）试验选点、规模和范围。

① 内蒙：选在兴安盟科右前旗，该旗1997年6月至1998年4月22个月的囊虫阳性检出率为8.9%。区域试验就选点在科右前旗的巴拉格歹乡等8个乡镇112个自然屯，对10 353头猪免疫，3 000

头猪作对照，给猪打耳号登记造册。② 四川：选在阿坝州茂县，该县 90 年代初猪囊尾蚴病的流行范围达到全县 63.6% 的地区，1997 年的感染率为 13.4%。区域试验选定在赤不苏等 3 个片区，13 个乡的重疫区。对 10 002 头猪作免疫实验，6 000 头猪作对照观察，均打耳号登记造册，免疫猪还发给免疫证卡。

（2）免疫方法。

① 内蒙古：对 5 ～ 15 日龄仔猪作第 1 次免疫，间隔 2 周后做第 2 次免疫，每次均为深部肌肉注射 2 mL。免疫时间是 1998 年 10 月—1999 年 4 月，共免疫 10 353 头。② 四川：该地农民家养的生猪，大多数来自非疫区养猪场繁育，商贩贩运而来，一般多在 55 ～ 65 日龄。由于仔猪日龄较大，第 1 次免疫同时注射冻干苗和油乳剂苗各 1 个剂量，再过 4 ～ 6 个月之后，大多数实验猪进行过第 2 次免疫注射，免疫时间是 1998 年 10—11 月至 1999 年 4—5 月，共免疫 10 002 头。

（3）剖解检验。

① 内蒙古：于 1999 年 8—12 月对免疫猪和对照猪进行屠宰，检查胴体肌肉和心脏、横隔等组织器官，记录感染囊尾蚴的数量和虫体的状况。② 四川：于 1999 年 11 月—2000 年 1 月底，对免疫猪群和对照猪群进行屠宰，检查胴体肌肉和心脏等组织器官，记录染虫数量和虫体情况。

二、结　果

1. 内　蒙

检验免疫猪 445 头，发现 1 头猪感染囊尾蚴病，感染率为 0.22%。所染虫体均发生活力降低，囊液变少的变化；同时检验对照猪 2 070 头，有 85 头感染猪囊尾蚴，感染率为 4.1%，虫体活力强，数量多，呈中度感染，见表 1。

表 1　内蒙区域试验检查结果

分组	免疫日期	数量（头）	免疫适应期与免疫次数	剖检日期与数量/头	染虫猪数头	染虫率（%）	虫体状况
免疫群	1998.10—1999.4	10 353	5～15日龄间隔14 d二免	445（1999.8—12月）	1	0.224	活性低囊液少
对照群	与免疫试验同时设对照群	3 000	—	207（1999.8—12月）	85	4.106	虫体活力强

免疫猪的感染率是未免疫（对照）猪感染率的 1/18.636，即 5.36%，免疫猪的保护率高出对照猪 94.64%。

免疫猪有 67 头在注苗局部出现轻度红肿和全身反应，反应率 0.64%，1 周后自行消退。疫苗注射 1a 后，解剖检验时，体内和局部均无任何眼观变化，说明疫苗安全可靠。

2. 四　川

解剖检验结果见表 2。

表 2　四川区域试验检查结果

分组	免疫日期	数量（头）	免疫适应期与免疫次数	剖检日期与数量/头	染虫猪数头	染虫率（%）	虫体状况
免疫群	1998.11—1999.4	685（二次免疫组）	55～65日龄间隔4～6个月二免	3 554（1999.11—2000.1）	3	0.224	囊液呈脓样，触摸有颗粒感
		315（一次免疫组）	55～65日龄	1 456（1999.11—2000.1）	6	0.412	
对照群	与免疫试验同时设对照群	6 000		5 000（1999.11—2000.1）	540	10.8	活力强，囊液水样

免疫实验群第1组免疫2次，剖检3 554头，有3头猪感染囊虫，感染率为0.048%，一次免疫组的染虫率为0.412%，免疫猪所染虫体均发生退行性变，活力降低，趋于钙化。免疫注射的局部和全身均无任何不良反应，疫苗注射1a后剖检检查时，全身或局部均无任何眼观变化，说明疫苗安全可靠。

对照群5 000头猪屠宰检查结果，有540头感染猪囊尾蚴病，感染率达10.8%，虫体活力强、数量多，遍布全身肌肉，最多40 cm^{2}有虫体50余个。

二次免疫猪的感染率是对照猪感染率的1/128.57，即0.078%，二次免疫猪的保护率达99.22%；一次免疫猪的感染率是对照猪的1/26.213，即3.81%，一次免疫猪的保护率为96.19%。

三、讨论与结论

（1）全国南北地区区域试验的结果表明，二次免疫的保护率较高，北方为94.64%，南方为99.2%，全国区域试验的平均保护率为96.93%。

（2）区域试验的免疫保护率是很高的，它也高出了实验室实验的免疫一攻虫结果，其原因，可能与南北区域试验地区多养长寿猪，一般都在1年以上，而实验室的猪喂养时间较短，于攻虫之后约3个月即行屠宰，疫苗的一些作用未能得到发挥有关，疫苗的这些作用是：①猪囊尾蚴细胞疫苗所引起的免疫反应早、免疫力强、免疫期长，在长寿猪体内得以继续发挥作用，因而免疫保护率高。②实验证明猪囊尾蚴细胞系抗原，能刺激机体产生免疫记忆反应，从而使免疫猪在其生活过程中，遇到人有钩绦虫卵侵袭后，孵育成囊尾蚴时，激发了机体的免疫记忆反应，提高了机体的抵抗力，从而较长时间地发挥着的免疫保护作用。③实验还证明猪囊尾细胞系抗

原，具有较强的免疫治疗作用，也就是区域试验中解剖检查时所看到的：免疫猪虽有少数受到感染，但其感染的虫体均出现活力降低和趋于钙化的现象。这是因为免疫治疗作用使虫发生了退行性变，进一步可使虫体被吸收、肌化或钙化。免疫治疗作用需时较长，只有在区域试验地区的长寿猪中得到了充分的发挥，3 种作用结合在一起，最终表现出较高的免疫保护作用。

（本文发表在《天津农学院学报》2001 年第 4 期，

作者：张中庸，李倩如，张京，等）

兴安盟科右前旗猪囊虫病综合防治技术

猪囊虫病是由猪带绦虫（有钩绦虫）的幼虫寄生于人和猪体引起的人畜共患寄生虫病。该病在科尔沁右翼前旗流行面广，感染率高，严重危害人体健康，造成巨大经济损失。近年来，我们和卫生防疫部门联合采取了"驱、检、管、治"的综合性防治措施，有效控制了该病的流行。

一、流行情况

据调查，20 世纪 90 年代初猪囊虫病在科尔沁右翼前旗平均感染率为 17.7%，感染严重的自然屯可达 30%；1988 年和 1989 年分别对 120 个自然屯、1 200 个杀年猪的农户进行了调查，猪囊虫阳性率分别为 11.09%（98/884）和 9.91%（21/212）；1990 年调查结果显示，猪囊虫阳性率为 9.85%（74/751）；1996 年在本地区生猪定点屠宰厂检查，猪囊虫阳性检出率为 9.04%（436/4 824）；从 1997 年 6 月至 1998 年 4 月 10 个月中，屠宰厂猪囊虫阳性检出率为 8.9%（7 909/88 884）。以上都是经临床检查未发现囊虫病，后经屠宰检验而发现的，所以，本地区猪囊虫的自然感染率要比上述统计数字高。

1994 年对太本站镇进行了猪囊虫病流行病学调查和综合防治试点。全镇有 3 个自然屯，共有农户 831 户，3 350 人。存栏猪 2 019 头，春节前共有 660 户杀猪过年，共杀猪 681 头，其中，检出囊虫病猪 63 头，阳性率为 9.25%，按每头猪 800 元计算，可造成经济损失 5 万余元。据调查本病在科尔沁右翼前旗流行具有如下特点：一是本镇地理位置偏僻，卫生条件差，通常是人无厕所，猪无圈；二是经济条件落后，人民生活困难，经常有猪囊虫病肉在本地区各乡镇销售而被人食用；三是未开展人的驱绦工作；四是用药物治疗猪

囊虫病开展的也不普遍。

二、防治措施

自 1995 年以来，我们坚持了"驱、检、管、治"的综合性防治措施，取得了十分显著的效果。

1. 驱

即驱除人体的绦虫，消除传染来源。逐户宣传猪囊虫病的危害，让人人都清楚人患绦虫病最主要的症状就是经常能在自己的大便中看见象短挂面一样的白色节片。对有节片的人或怀疑自己有绦虫的病人进行驱虫。1995 年在太本站镇用驱绦胶囊驱虫 24 人，其中有 12 人感染绦虫，驱下绦虫 14 条（其中，有 2 人分别排出 2 条虫体）。2001 年驱治可疑患者 10 人，其中，有 3 人有绦虫寄生，共驱出 3 条虫体。

2. 检

即对上市和自食的猪肉进行食品卫生检验，经检验合格后方能市售和自食。首先加强乡镇检疫员技术的培训，不断提高他们的业务素质，增强事业心和责任感。其次要提高群众对猪囊虫病危害性的认识，了解其传播过程，使每个人都拒食猪囊虫病肉，并将病猪肉做深埋、焚烧或无害化处理。

3. 管

就是管理好环境卫生，切断人、猪间相互传播的途径。重点是每个自然屯要修建足够的公用厕所，提倡每户修建一个厕所。同时要教育群众树立文明的生活习惯。大小便要上厕所，便后饭前要洗手，要求生猪全年圈养。太本站镇几年来共建公共厕所 8 处，住户建厕所 280 处。

4. 治

即治疗囊虫病猪和囊虫病人。对在临床上确认的囊虫病猪，用丙硫苯咪唑进行治疗，按 90 mg/kg 体重的总剂量，间隔 48 h 分 3 次口服。间隔 1 个月进行第 2 次投药治疗。对健康猪进行预防性驱虫，即在猪 30 kg 左右时用同种药物同样剂量与方法进行第 1 次投药，60 kg 左右时进行第 2 次投药。实践证明以上两种方法均能起到较好的预防和治疗作用。太本站镇几年来共治疗囊虫病猪 129 头，预防性驱治猪 3 080 头，诊治囊虫病患者 2 人。

三、防治结果

2002 年 1 月，对太本站镇综合防治后的猪进行感染情况调查，结果在 610 个农户中，从屠宰的 643 头猪中，仅检出囊虫病猪 3 头，阳性率为 0.45%，比 1994 年发病率下降了 8.8%，减少发病猪 60 头，减少经济损失 4.8 万元。至 2003 年 1 月调查，全镇共屠宰猪 587 头，结果未检出囊虫病猪，阳性感染率降至零。

四、小结与讨论

（1）对猪囊虫病采取"驱、检、管、治"的综合性防治措施，效果十分显著。其中，驱除人体绦虫是重点。太本站镇抓住了这一环节，两次共给疑似患者 34 人驱绦虫，有 15 人驱除出虫体，共驱下绦虫 17 条。使猪囊虫病的阳性率由驱绦前 9.25%，下降到无囊虫病猪，减少经济损失 5 万元。

（2）"检、管、治"都是切断猪囊虫感染到人体的有效措施，应进一步提高人的卫生意识，把住"病从口入"这一关，确保人的身体健康，达到彻底消灭囊虫病的目的。

（3）用免疫接种的方法预防猪囊虫病是未来发展的方向。我们曾用猪囊虫基因苗和细胞苗进行过区域免疫接种试验，分别取得保

护率达 90.99% 和 94.64% 的效果。但终因未能批量生产而未被推广应用。

（4）猪囊虫病综合防治工作，涉及镇级人民政府、卫生防疫部门和畜牧兽医部门等相关单位，只能大家齐心协力，长期坚持"驱、检、管、治"的综合性防治措施，才能取得更好的结果。

（本文发表在《中国兽医寄生虫病》2004 年第 2 期，

作者：王明珠，张顺，顾惠，等）

羊虱病的发生与防治

绵羊、山羊虱病在本地区普遍存在，是一个很难消除的外寄生虫病。每年都给养畜户造成一定的经济损失。近年来，作者防治了10 余起羊虱病，取得了较好的防治效果，报告如下。

一、流行情况

从 1996 年至 2004 年，处理羊虱病 12 起，总存栏羊 7 861 只，感染羊 4 640 只，平均感染率为 59%，有的羊群感染率为 100%。流行有五个特点：一是流行时间长，如果不采取防治措施，可全年带虫。但严重的发病时间在每年 10 月至次年的 6 月。二是传播速度快，最初只是发现几只羊有症状，一个多月时间就能扩散到全群。三是绵羊、山羊的颚虱和毛虱均为混合感染，山羊比绵羊易感染。四是母羊在接羔时发生虱病，虱子可迅速侵袭羔羊，感染率为 100%，且感染强度大。五是深秋按操作规程选用有效药物药浴的羊或用驱杀内外寄生虫药的羊，羊虱病发生的时间要晚，否则相反。

二、病　原

经鉴定本地流行的羊虱有两类，一是绵羊颚虱和山羊颚虱，二是绵羊毛虱和山羊毛虱。

三、症状与危害

发病羊有痒感，表现不安，用嘴啃、蹄弹、角划解痒；在木桩、墙壁等处擦痒。严重感染时，可引起病羊脱毛、消瘦、发育不良。使其产毛、产绒、产肉、产奶等生产性能降低。羔羊感染时毛色不亮泽，毛不顺，生长发育不良。由于羔羊经常舔吮患部和食入舍内的羊毛，可发生毛球病。

四、诊　断

根据查到的病原、流行病学调查和临床症状不难确诊。

五、防　治

采用个体治疗和全面预防相结合的方法进行。治疗的药物和方法如下。

① 长效伊力佳注射液，按 2 mg/10kg 体重剂量皮下注射。② 碘硝酚（驱虫王），以 0.5 mL/10kg 体重剂量皮下注射。③ 复方伊维菌素混悬液（双威），按 2 mg/10kg 体重剂量口服。④ 灭虱粉，个体治疗可把药粉在全身涂擦，适用于治疗羔羊虱病。防治全群羊时，可把药物均匀地撒在羊体上，剂量为每只羊 10 g，能达到羊体和羊舍同时杀虫。⑤ 除癞灵，全身涂擦法，可用木棍前端缠上纱布，蘸取除癞灵原液，分部位在羊体上从后向前擦 10 余次，每只羊用药 12 mL 左右。

六、讨　论

① 绵羊、山羊虱病是一种慢性、消耗性的外寄生虫病，易被牧民所忽视。应加强对本病的防治。② 颚虱和毛虱用口服杀虫药不能直接杀死，用接触杀虫药，不能杀灭虫卵。最佳的处理方法是，先用上述口服药（同时可驱除蠕虫），间隔 10 天用接触杀虫药再外用杀虫，并且要连续用药 1～2 次，方能控制病情。③ 晚秋药浴十分重要，一定要作好。同时要保持舍内的卫生和干燥。不准引入带病原的其他羊。④ 驱虫药物均有一定的毒性，驱虫应在兽医人员的指导下进行，防止发生羊的中毒。⑤ 我们及时采取上述措施，即控制了病情。

（本文发表在《中国兽医寄生虫病》2005 年第 3 期，

作者：王永淙，白玉辉，王明珠，等）

牛痒螨病的诊断与防治

牛痒螨病在本地区并不多见，但在近年中，作者防治了 2 起牛痒螨病，取得了较好的防治效果。

一、流行情况

从 1998 年至 2005 年，防治牛痒螨病 2 起，共存栏牛 196 头，发病 148 头，发病率为 75.5%。同时还轻度感染有血虱。其中，第一起发生于 1998 年 2 月 29 日，该牛是电业局为了发展第三产业，于 1997 年 11 月从各地收购的 3 岁至 5 岁的本地黄牛。由于没有养牛经验，当时未发现牛有病。直到 1998 年 2 月 29 日才到我处就诊。经临床检查，共存栏牛 126 头，发病 85 头，发病率为 67.5%；第二起发生于 1996 年 1 月 23 日，该养牛户共存栏牛 70 头，发病 63 头，发病率为 90%。发病初期，用除癞灵进行了局部治疗，由于治疗不彻底，使病情扩散。流行有 5 个特点：一是两起牛痒螨病都发生在本病易发生的冬季。二是传播速度快，最初只是有少数牛有病，一个多月时间就扩散到全群。三是为半舍饲半放牧方式管理，牛舍较小。四是痒螨与血虱混合感染。五是在同一放牧场放牧的羊 1 100 只，马 12 匹未见发病。

二、病原与诊断

经采取病料镜检鉴定，两起牛病的病原均为痒螨，确认为牛痒螨病。虱为血虱。

三、症状与危害

发病牛有痒感，表现为不安，用舌舔解痒；在木桩、墙壁等处擦痒。初期只是在头部、颈部等处局部出现结痂、脱毛。以后逐步发展到全身。由于擦痒，使患处出血。病牛表现为采食量下降，牛

逐渐瘦弱。背毛脱落、无光泽。

四、防 治

采用全群普遍治疗的方法进行紧急治疗。治疗的药物和方法如下：① 长效伊维菌素注射液，由北京中农天马科技发展有限公司生产。按 2 mg/10kg 体重剂量皮下注射。间隔 45 d 再注射一次。② 碘硝酚注射液（驱虫王），由沈阳一药动物药品有限公司生产。以 0.5 mL/10 kg 体重剂量皮下注射。间隔 30 d 再注射一次。③ 复方伊维菌素混悬液（双威），由北京国威药液有限公司生产。按 2 mg/10 kg 体重的剂量一次口服，间隔 10 d 同剂量再服一次。④ 除癞灵，由辽宁省凤城市动物药品厂生产。按 0.02% 的稀释液对患处进行涂擦杀虫，涂擦的面积一定要大于眼观患病的面积。⑤ 用上述杀虫药液对用具、墙壁、环境进行杀虫。连续 3 d，间隔 20 d 和 40 d 分别再杀虫一次。

五、小结与体会

① 牛发生痒螨后，传播速度快，感染率高。吸取营养并影响牛的采食，使生产性能降低。② 发现后要立即用上述药物进行治疗，对感染率高的牛群，要采取全群治疗的方法，并要坚持连续用药，方能控制病情和防止复发。血虱同时也被杀死。③ 对牛每年要在 5 月和 10 月各药浴一次，选用上述药物即可。④ 用上述药物于 11 月份对牛进行驱虫，同时可驱除线虫、绦虫、牛皮蝇蛆等内外寄生虫。⑤ 用药后 7 天牛痒觉消失，以后逐渐长出新毛。⑥ 对牛要认真观察，发现有病要及时进行治疗。只要按上述方法进行治疗，均能控制病情。

（本文发表在《中国兽医寄生虫》2007 年第 2 期，

作者：王明珠、冯辉）

兴安盟科尔沁右翼前旗牛皮蝇蛆病的流行与防治

牛皮蝇有 2 个种，即纹皮蝇和牛皮蝇，在本地区纹皮蝇是优势种。危害都是使牛皮穿孔、产乳、产肉等生产性能降低。发病严重时期牛的感染率为 100%、强度为近百个疽肿。作者从 80 年代开始主持本病的防治工作，现在达到了控制标准，报告如下。

一、基本情况

科右前旗位于内蒙古自治区东北部，大兴安岭南麓，全旗总面积 1.7 万 km²。东与本盟扎赉特旗毗邻，南和吉林省白城市相接，西同锡林郭勒盟东乌珠穆沁旗相连，北靠边陲重镇阿尔山市，西北与蒙古国接壤，有国境线长 32.5 km。以显著的低山、浅山、丘陵、河谷冲积平原四种地貌类型组成。科右前旗管辖 9 个镇、3 个苏木、2 个乡、229 个嘎查（村）。总人口 40 万人。气候：属温带大陆性季风气候，四季分明，气候多变，温差较大。年平均降水量 449 mm，年平均无霜期 103 d。2014 年牧业年度家畜总头数 430 万头（只），牛 14 万头。是以农业为主的半农半牧区。

二、流行情况

据材料记载，20 世纪 60 年代末，牛的感染率为 100%（355/355），平均强度为 82 个疽肿。70、80 年代，牛的感染率为 57.4%（10 710/18 670），平均强度为 38 个疽肿。90 年代，牛的感染率为 33.9%（77/227），平均强度为 13 个疽肿。21 世纪，牛的感染率为 6.4%（137/2 136），平均强度为 3.5 个疽肿。2013 年度牛的感染率为零（0/1 089）（详见表）。

表　牛皮蝇疽病感染情况表　　（单位：头，%）

项目时间	乡镇数	养牛户数	存栏牛数	阳性数	阳性率	疽肿总数	平均疽肿数
60 年代	2	71	355	355	100	29 110	82
70～80 年代	20	1 245	18 670	10 710	57.4	4 069	38
90 年代	5	42	227	77	33.9	1 001	13
21 世纪	60	388	2 136	137	6.4	473	3.5
2013 年 5 月	7	51	1 089	0	0	0	0

三、生活史

在本地区气温条件下，成蝇出现于 4—6 月，雌蝇把卵产在牛腿、前胸、腹部毛根上，一根毛上可产虫卵 7～10 个，一只雌蝇可产虫卵 500 个以上。经 3～4 d 后，虫卵孵出第一期幼虫。幼虫钻入皮下，沿疏松结缔组织经 2.5 个月到达食道。在食道黏膜下发育 5 个月，成为第二期幼虫。第二期幼虫经横隔膜、胃壁网膜、肋间到达牛的背部皮下，发育 2～3 个月形成疽肿，后期幼虫分泌毒素使牛皮穿孔、崩出、落地为第三期幼虫。经 2 个月发育为成虫。全部发育需 1 年，在牛体内 10 个月左右。

四、危害与损失

牛皮蝇疽可至牛皮穿孔，感染强度越大，使皮革核心区受损也越严重，可造成经济损失；牛的"跑蜂"（雌蝇的产卵的飞翔声音，牛惊慌、恐惧、奔跑，可致流产、骨折、陷入泥潭或导致死亡）；可使牛产肉、产乳等生产性能降低，造成经济损失。

五、防治效果

经历了 3 个阶段。

1. 20 世纪 50 ～ 60 年代

没有有效的杀虫药品，只是对牛体外用"敌百虫""六六六粉"和"滴滴涕"进行杀蝇，防治效果不好，不能控制本病。

2. 20 世纪 70 ～ 90 年代

倍硫磷和倍硫磷浇泼剂被推广应用。是内蒙古自治区政府的重点防病项目，提供药品，要求每年于 9—11 月份对全区的牛全面开展倍硫磷注射或在牛背部擦抹倍硫磷浇泼剂。在成虫产卵时期，在牛圈出入门口横栏杆上设置倍硫磷浇泼剂，让牛在出入时自由擦、抹，起到杀成蝇的作用。由于注射倍硫磷毒性大，对牛要进行观察，发现中毒用解磷啶、阿托品及时对症治疗。中毒死亡牛也时有发生。防治效果良好，基本控制本病。

3. 21 世纪

虫克星、伊维菌素等药品的推广应用，于每年的 5 月和 11 月对牛进行驱虫。这些药品都具有驱虫谱广（对线虫类、蝇蛆类、疥癣等外寄生虫有效）应用方便、毒性低、杀虫效果好的特点，被群众所接受，累计驱虫牛 200 万头次。彻底控制了本病。2003 年 6 月，内蒙古自治区牛皮蝇蛆病防治专家组对本项工作进行了验收，专家认为科尔沁右翼前旗的牛皮蝇蛆病防治工作资料齐全、数据真实可靠、现场检查合格，达到控制标准。

六、小结与讨论

（1）牛皮蝇蛆病是在新世纪才得到控制，一是新药品虫克星、伊维菌素的合成和推广，是控治本病的关建。二是政府设立防治牛皮蝇蛆病计划和专项资金。三是业务部门的大力防控和农牧民认识提高，使驱虫工作密度高、质量好，切断传播途径，控制了本病。

（2）本病的控制，提高了皮革质量、牛的产肉、产乳生产性能

和繁殖率提高，使农牧民增加了收入，提高了生活质量。

（3）本地区有狍子、黄羊和鹿等野生动物出现，这些易感染动物，有可能保存病原，成为永久性疫原地。当牛驱虫率低时，本病可能重新开始流行。要适时做好监测和防治。

（本文发表在《兽医导刊》2015 年第 3 期，

作者：王明珠，白智明，陈青龙，等）

● 中毒病的防控 ●

兴安岭次生林地带牛柞树叶中毒诊断报告

自 1962 年以来，科右前旗、科右中旗，扎赉特旗、突泉县的山区半山区每年 5 月 20 日至 6 月 10 日发生一种季节性很强的地方性牛病。以往由于一直未确定病因，虽采取多种防治措施，均未见效。

我们于 1984 年在历年发病较多的科右前旗巴达仍贵苏木对该病的流行病学进行调查、症状观察、病理组织学检查、人工复制试验和移场放牧效果的观察，确定本病是栎树幼嫩枝叶引起的中毒。

一、流行病学调查

巴达仍贵苏木位于大兴安岭南坡，森林复盖面积占 7.5%～12%，其中，以柞树为主，占森林面积 95%，几乎全部为长期砍伐所形成的柞树次生林。幼柞占柞树 90% 以上。

该苏木是以牧为主，农牧结合的苏木。大畜以牛为主，长年放牧，仅在役期补饲少量干草。

1968 年以来，每年 5 月初至 6 月中旬，都有一批牛发生以无热，拉稀便，水肿为特征的疾病。其他时间不发病，而且发病牛多为健壮食欲旺盛的牛，病情来势猛，病死率高，1980—1983 年发病牛938 头，死亡 385 头，病死率为 41%，给养牛业带来了严重损失。

二、人工复制发病试验

1. 试验材料与方法

在巴达仍贵苏木牛群中选 7 头健康牛分 3 组，第 1 组 2 头，做

中毒致死试验，饲喂柞树叶使其自然死亡，进行病理剖检和组织学检查。第2组3头，做发病过程治疗效果观察。第3组2头，不喂柞树叶做对照。

饲喂柞树叶前，对7头牛隔离饲养观察。做体温、脉搏、呼吸、胃肠蠕动，尿液等检查，并测定正常日食草量，确认是健康牛。饲喂柞树叶时，采集鲜叶，给5头试验牛自由采食，计量喂给，每日定时饮水，同时详细观察记录每日体温、脉搏、呼吸、精神、食欲、饮水、鼻汁、反刍、胃肠蠕动，粪便和尿液等情况。

2. 试验结果

饲喂柞树叶第3天，1、2、3、4号牛食量较少，第4天食欲普遍减少，1、4、5号牛拒食柞树叶，但对干草仍有食欲，饲喂5 d后5头试验牛陆续出现与自然病例相似的临床症状。第8天对1、2、3、5号牛灌服柞树叶干粉，或剁碎的鲜嫩的柞树叶。连续灌3～5 d，到临床症状表现充分时间停喂。

第1组1、2号牛分别于喂柞树叶后第13、第14天发病死亡。第2组中毒治疗试验的4号牛发病后即停喂，自然恢复健康。5号牛发病中期停喂，经治疗逐渐痊愈。3号牛于发病后期停喂治疗，死亡。两头对照牛始终健康无病。

三、临床症状

对5头复制发病牛的临床检查，病初：精神沉郁，食欲减退，不吃柞树叶，吃干草，反刍减少，瘤胃蠕动减弱，排有黏液和血丝的干粪。

中期：食欲废绝，胃肠蠕动微弱，严重腹泻，排黑色褐色稀臭粪便，尿少色淡，尿液起泡沫，腹痛，喜卧，磨牙，鼻镜干裂，心音减弱。

后期：精神极度浓郁，不愿走动，卧地时头弯向腹侧，呼吸发"吭"声，在下颌、阴户、肛门等处出现水肿。

整个病期体温不升高，末期低于正常。

四、尿液的检查

（1）尿量：发病初期尿量减少，中期尿频，后期有时数日不排尿。

（2）尿液比重：饲喂前平均值为 1.038，饲喂后第 5 天，平均值为 1.024，第 11 天时平均比重为 1.011，严重病例 1、3 号牛下降到 1.004，随着病情好转，尿比重逐渐恢复正常值。

（3）饲喂第 4 天 3、5 号牛尿液落地后浮积泡沫，至第 6 天 5 头牛尿液全部起泡沫，发病初期和中期较明显，后期泡沫减少。

（4）尿液 pH 值：饲喂前尿液 pH 值平均为 8，饲喂第 4 天 pH 值平均为 7.5，继而呈酸性尿。3 号牛病后期 pH 值降为 6.4，5 号牛病情好转时，其 pH 值逐渐上升呈碱性尿。

（5）尿蛋白含量：饲喂第 4 天 3、5 号牛出现蛋白尿，病情重，尿蛋白含量也多。病情好转尿蛋白也逐渐减少。（用 20% 磺硫酸水溶液测定）

（6）尿沉渣检查：饲喂第 6 天，3、5 号牛尿沉渣中有多量肾上皮细胞、血细胞管型及扁平上皮细胞。

（7）尿液鞣质或其衍生物的检查：将尿液滴于玻璃片上，再滴加 1% 三氯化铁无水乙醇试剂，如变为灰色或黑褐色即表示有鞣质或酸性成分存在。饲喂的第 2 天 1、3、4 号牛即呈阳性反应，第 3 天全部呈阳性。停喂后反应逐渐减轻。

五、病理剖检变化

尸体剖检以水肿和消化道出血为主要病理变化，皮下结缔组织

胶冻样浸润。腹腔中有淡黄色腹水 5 ～ 10 L。肠系膜、大网膜、胃肠浆膜和腹膜有散在大量出血点或斑。肠系膜淋巴结出血，色暗紫，稍肿大。瓣胃被干硬内容物阻塞，状如干饼，黏膜易脱落。肠道黏膜易脱落。充血、出血或水肿，并散在有出血点。肝脏肿大，胆囊增大 2 ～ 4 倍。充满黏稠褐色胆汁。脾脏被膜有出血点，质地稍硬。肾脏肿大，包膜下有出血点，肾脂肪囊，肾门和肾乳头脂肪水肿和出血。膀胱积尿。胸腔积水达 3 ～ 5 L。心包积液，心冠脂肪呈胶样浸润并有出血点。心内膜有淤血。

此外，用 2 只作饲喂试验，分别于第 14、第 20 天发病死亡。其病理剖检变化与牛的病理变化基本一致。

六、病理组织学检查

饲喂死亡 3 头和自然发病死亡 1 头的组织学病变主要共同点是肾实质出血，水肿，肾曲小管上皮细胞颗粒变性，多数呈凝固性坏死，肾小球毛细血管上皮细胞水疱样变。肝实质呈灶状出血，肝细胞肿胀坏死，汇管区有淋巴细胞浸润。肺被膜下出血，间质水肿，肺泡萎蓿。心肌纤维有断裂，肌纤维之间水肿，心外膜蔬松结缔组织出血。淋巴结髓质部水肿。脾被膜增厚，小梁增粗，末稍动脉壁增厚，含铁血黄素沉着。

七、治疗效果观察

1. 治疗效果

对发病初期的 4 号牛未经治疗，7 d 后自然康复，发病中期的 5 号牛，经治疗痊愈。发病后期的 3 号牛，死亡。

2. 治疗方法

（1）解毒，硫代硫酸钠 10 ～ 15 g 溶于 10% 葡萄糖注射液 1 000 mL 静注。并用 10% 碳酸氢钠 300 mL 一并注入。

（2）清肠制酵调整胃肠机能，投服 0.1% 高猛酸钾液，干酵母 75 g，龙胆丁或酒石酸锑钾和液体石蜡。

（3）为防止继发感染注射抗菌素类药物。配合中药治疗（清热解毒为主），并根据情况进行强心、补液和补充维生素 C 等措施。

八、移场放牧效果观察

为了证实该病系柞树幼嫩叶中毒，采取不到柞树林地放牧的办法控制牛病的发生。今年 5—6 月，全苏木 9 个嘎查，只有 1 个嘎查的牛群，因管理不严，少数牛仍采食柞树叶，发病 11 头，死亡 3 头。其余 7 个嘎查 15 年来每年都有发病死亡，而今年发病季节，由于未在柞树林地放牧无一头发病。

九、小　结

预防牛柞树叶中毒的根本方法是，每年立夏到芒种这段时间，不到有柞树的山坡放牧，防止牛采食柞树嫩叶。

（本文发表在《内蒙古畜兽医》1989 年第 1 期，
作者：顾嘉寿，赛音夫，刘日宽，等）

绵羊柞树叶中毒的诊治

科尔沁右翼前旗地区每年春天（5—6月）都有羊柞树叶中毒病发生。

一、发病情况

2001年，笔者在科右前旗巴拉格歹等3个镇治疗了5起绵羊柞树叶中毒病。中毒的发生具有以下特点：一是发病具有地域性，病羊都有在柞树林放牧的病史；二是发病具有时间性，发病总是在柞树出芽放叶的5—6月份；三是发病无性别、年龄的差异，采食量大的羊多发病；四是牧草返青越晚，羊的发病越严重；五是死亡率高，中后期的死亡率达70%。

二、临床症状

病羊采食柞树叶3～5 d后发病。主要症状：以先便秘，后下痢和皮下发生水肿为特征。

病初期：精神沉郁，食欲、饮水、反刍减少，不食青草，稍食干草。尿频繁，口色清白，可视黏膜黄染。粪球干燥，色泽黑暗，表面附有黏液血丝等。

中后期：排粪减少、无尿，饮欲逐渐丧失而腹围却日渐膨大下垂，胸前、腹下、股内、会阴等处出现明显的局限性或弥漫性水肿，体温正常或略低。

三、病理变化

病尸的下垂部位皮下积聚有数量不等的淡黄色胶冻样液体。胸腔、腹腔有大量呈粉红色的积液，达2～4 L。肺叶有瘀血。心包积液，心脏浆膜面有出血点。肝脏轻度肿大，质地硬脆，表面有弥漫性出血点，胆囊胀大，胆汁黏稠。肾肿大，表面有出血点。瘤胃、

真胃出血，瓣胃内容物发干。整个肠道呈条状或点状出血，黏膜脱落坏死，内容物呈暗红色黏糊状，恶臭，大肠后段积有粗硬结粪，切开肠管，见粪便干硬成大块，表面附有红褐色粘脓性物质。直肠壁显著增厚。

四、诊　断

根据羊连续大量采食柞树叶史，发病有明显的地区性和季节性，典型的临床症状和病理变化，硝酸法尿蛋白呈阳性反应。确诊为柞树叶中毒。

五、治疗措施

确诊后立即停止到有柞树的地方放牧，并补充饲草、饲料。对重症无法治愈的，采取淘汰处理，对较轻的病例应采取综合措施治疗。

1. 该病初期以解毒，排毒，清理肠胃，理通二便为主

中药：金银花 30 g、连翘 30 g、生地 15 g、麦门冬 15 g、石菖蒲 60 g、郁李仁 15 g（去皮捣碎用）、车前草 60 g，共煎水服。

15% 硫代硫酸钠溶液 1～3 g/ 次，静脉或肌肉注射，每天 1 次。

兴奋前胃机能：应用促反刍液，即 25% 葡萄糖液 20 mL，10% 葡萄糖酸钙 60 mL，10% 氯化钠 100 mL，林格尔液 300 mL，10% 安耐佳溶液 10 mL，一次静脉注射，连用 2～3 d。

2. 该病中后期以补液强心，增强解毒，理通二便，温补脾胃，补中益气为主

中药：金银花 40 g、连翘 40 g、生地 25 g、麦门冬 25 g、石菖蒲 80 g、郁李仁 20 g（去皮捣碎用）、车前草 80 g，甘草 20 g，共煎水服。15% 硫代硫酸钠溶液 1～3g/ 次，每天 1 次。

兼用 10% 葡萄糖生理盐水 500 mL，10% 安耐佳溶液 10 mL，5%

维生素 C 10 mL，1% 速尿 5 mL。静脉注射。应用青霉素 160 万 IU，链霉素 100 万 IU，1 次肌肉注射，每日 2 次。连用 3 ～ 4 d。

六、小　结

本病发生的原因就是可食性植物减少，当饥不择食时，食柞树叶达到一定量时，就要发生中毒。所以要适时做好补饲工作。

（本文发表在《吉林畜牧兽医》2002 年第 2 期，

作者：陈亚琴，王明珠，王巧玲，等）

丙硫苯咪唑过量引起羊中毒的诊治

1987 年 11 月，在用丙硫苯咪唑给羊驱虫时，发生一起羊中毒死亡和耐过羊被毛脱落现象。本药引起羊中毒死亡和脱毛未见报道。现将发生的情况报告如下。

保合村养羊专业户鲁江，存栏羊 256 只（山羊 50 只）。11 月自己将 500g 丙硫苯咪唑粉剂（宁夏化工实验厂生产、批号 8705003）用豆油调制成舔剂，用两根木棍往羊舌根部抹药，待羊吞咽后放开。500g 药，给 172 只羊投药，中毒 73 只，占投药羊 42.4%；死亡 37 只，占中毒羊 50.7%。其中，山羊投药 31 只，中毒 25 只，死亡 6 只；绵羊投药 141 只，中毒 48 只，死亡 31 只。中毒耐过羊 35 只，脱毛羊 24 只，占耐过羊 66.7%：其中，山羊脱毛 13 只，绵羊脱毛 11 只。山羊当年羔羊占死亡羊 90%。绵羊比山羊死亡率高，脱毛严重。

投药后第 2、第 3 天羊出现中毒或死亡。特征性症状是拉稀，后期排酱油色水样便，食欲减少或废绝，反刍停止，走路摇摆，喜卧阴凉处。解剖可见胃肠道黏膜脱落，并有明显充血和出血点。肠道内有黑色稀内容物，胆囊胀大。

投药后第 17 天，中毒耐过羊从颈、背部开始脱毛，除头、尾、四肢外被毛脱掉，皮肤显露，呈粉红色。对脱毛羊补饲青贮饲料，添加多种维生素。两个月时可见长出新毛。

根据投药总量和羊体重估算：大羊投药剂量为 72.5 mg/kg 体重；山羊当年羔羊投药剂量为 116 mg/kg 体重。畜主在杀羊时发现当年羔羊寄生线虫较多，所以，投药时对小羊增加了药量。这样当年羔羊投药剂量在 116 mg/kg 以上，是正常剂量的近 6 倍。

中毒耐过羊发生脱毛现象，是药物与豆油调制有关，还是药物

在羊体发生某些化学转化所致，有待于探讨。

为了避免驱虫引起家畜中毒的发生，注意以下几点。

（1）开展牲畜驱虫工作，应先做小型驱虫试验，确定有效投药剂量和方法，应在兽医人员的指导下进行。

（2）丙硫苯咪唑，羊投药剂量不能超过规定的安全量，否则引起中毒。

（3）羊丙硫苯咪唑中毒的突出症状是拉稀。羊投药后 6～8 d 为死亡高峰，解毒药物有待于探讨。

（本文发表在《内蒙古畜牧业》1988 年第 12 期，

作者：伊庆云，刘文明，王明珠，等）

牛青草搐搦的防治

1993 年以来，笔者诊治了 2 起牛青草搐搦。发病牛 13 头，病死 9 头，治愈 4 头。

一、发病情况

2 次牛病都发生在科尔沁右翼前旗察尔森镇。2 群牛共存栏 390 头，发病 13 头，发病率为 3.33%；病死 9 头，病死率为 69.24%。发病牛有如下共同特点：一是有在雨天更换放牧场后采食大量青绿牧草的病史。其中，第 1 次是发生在 1993 年 6 月 22 日，因牛官未跟群放牧，牛群进入人工草场采食紫花苜蓿和披碱草，当日发病 6 头，病死 4 头。第二次是发生在 1996 年 7 月 21 日，从山地放牧场采食鲜嫩水草，当日发病 7 头，病死 5 头；二是发病牛均是杂种黑白花青壮母牛，年龄在 4～7 岁；三是发病牛多数呈急性经过，在放牧中突然发病，迅速死亡，9 头牛均死在放牧场上；四是对同群健康牛，采取更换放牧场，减少放牧时间等措施后，再未发病。

二、临床症状

急性型：病牛仅能见到停止采食，惊恐不安，肌肉痉挛。患畜站立不稳，突然倒地，口吐白沫，角弓反张，呈昏睡状态。有的在死前高叫几声，在短时间内死亡。

慢性型：停止采食，瘤胃臌气，易惊恐，行走摇晃，倒地后又起来，瞬膜突出，眼球震颤，体温正常。4 头病牛经及时治疗均治愈。

三、病理变化

病死牛从鼻孔、口腔流出呈绿色草水。尸僵完全，天然孔不出血。尸体解剖可见瘤胃黏膜严重脱落，胃内有大量未被消化的青绿

饲草和水。胆汁稀薄色淡。肠系膜血管和其他血管扩张。其他器官无出血败血变化。

四、诊治情况

用肝脾做炭沉检验均为阴性。根据病史、临床症状、病理变化和对症治疗有效，把这两起牛病初步诊断为牛青草搐搦。

本病以早发现、早治疗、补镁补钙为治疗原则。治疗药物为：静注25%硫酸镁100 mL，静注10%氯化钙150 mL；食盐150 g；用水溶解后1次口服；同时可配合强心、放气、加强护理等措施；一般用药1～2次即愈，共治好4头牛。在治疗中病牛排出大量黑绿色恶臭稀粪，慢慢痊愈。

五、分析与体会

据材料介绍、青草搐搦是反刍兽放牧于幼嫩的青草地或谷苗之后不久而突然发生的低镁血症。尤其是在夏季降雨之后生长的牧草和谷草，通常含镁、钙、钠离子和糖分较低，而含钾和磷离子较高。低镁血症的发生主要由于牧草中低镁，多汁牧草含水分高，也是低镁的。至于吃入高钾的牧草，由于钾离子和镁离子在动物体内被吸收时展开竞争，于是镁的吸收减少，有助于低镁血症的产生，因此搐搦症状是突出的。病畜常用因全身肌肉搐搦，后肢麻痹而死亡。

建议在青草生长旺盛期放牧时，要减少放牧时间，不应在雨天突然更换放牧场，更换放牧场时要逐步进行，防止大量采食青绿牧草而发生本病。对病牛要争取做到早发现，早治疗。在青草旺盛期对牛进行补镁、补钙、补盐、补饲干草，有益于防止本病的发生。

（本文发表在《中国兽医杂志》1998年第3期，

作者：王明珠，高广彬，赵珅，等）

下篇

动物防疫法律法规选录

中华人民共和国主席令

第 七十一 号

《中华人民共和国动物防疫法》已由中华人民共和国第十届全国人民代表大会常务委员会第二十九次会议于 2007 年 8 月 30 日修订通过，现将修订后的《中华人民共和国动物防疫法》公布，自 2008 年 1 月 1 日起施行。

中华人民共和国主席　胡锦涛

2007 年 8 月 30 日

中华人民共和国动物防疫法

（1997 年 7 月 3 日第八届全国人民代表大会常务委员会第二十六次会议通过 2007 年 8 月 30 日第十届全国人民代表大会常务委员会第二十九次会议修订）

目　录

第九章　法律责任

第十章　附　则

第一章　总　则

第一条　为了加强对动物防疫活动的管理，预防、控制和扑灭动物疫病，促进养殖业发展，保护人体健康，维护公共卫生安全，制定本法。

第二条　本法适用于在中华人民共和国领域内的动物防疫及其监督管理活动。

进出境动物、动物产品的检疫，适用《中华人民共和国进出境动植物检疫法》。

第三条　本法所称动物，是指家畜家禽和人工饲养、合法捕获的其他动物。

本法所称动物产品，是指动物的肉、生皮、原毛、绒、脏器、脂、血液、精液、卵、胚胎、骨、蹄、头、角、筋以及可能传播动物疫病的奶、蛋等。

本法所称动物疫病，是指动物传染病、寄生虫病。

本法所称动物防疫，是指动物疫病的预防、控制、扑灭和动物、动物产品的检疫。

第四条　根据动物疫病对养殖业生产和人体健康的危害程度，本法规定管理的动物疫病分为下列三类：

（一）一类疫病，是指对人与动物危害严重，需要采取紧急、严厉的强制预防、控制、扑灭等措施的；

（二）二类疫病，是指可能造成重大经济损失，需要采取严格控制、扑灭等措施，防止扩散的；

（三）三类疫病，是指常见多发、可能造成重大经济损失，需要控制和净化的。

前款一、二、三类动物疫病具体病种名录由国务院兽医主管部门制定并公布。

第五条　国家对动物疫病实行预防为主的方针。

第六条　县级以上人民政府应当加强对动物防疫工作的统一领导，加强基层动物防疫队伍建设，建立健全动物防疫体系，制定并组织实施动物疫病防治规划。

乡级人民政府、城市街道办事处应当组织群众协助做好本管辖区域内的动物疫病预防与控制工作。

第七条　国务院兽医主管部门主管全国的动物防疫工作。

县级以上地方人民政府兽医主管部门主管本行政区域内的动物防疫工作。

县级以上人民政府其他部门在各自的职责范围内做好动物防疫工作。

军队和武装警察部队动物卫生监督职能部门分别负责军队和武装警察部队现役动物及饲养自用动物的防疫工作。

第八条　县级以上地方人民政府设立的动物卫生监督机构依照本法规定，负责动物、动物产品的检疫工作和其他有关动物防疫的监督管理执法工作。

第九条　县级以上人民政府按照国务院的规定，根据统筹规划、合理布局、综合设置的原则建立动物疫病预防控制机构，承担动物疫病的监测、检测、诊断、流行病学调查、疫情报告以及其他预防、控制等技术工作。

第十条　国家支持和鼓励开展动物疫病的科学研究以及国际合

作与交流，推广先进适用的科学研究成果，普及动物防疫科学知识，提高动物疫病防治的科学技术水平。

第十一条 对在动物防疫工作、动物防疫科学研究中做出成绩和贡献的单位和个人，各级人民政府及有关部门给予奖励。

第二章 动物疫病的预防

第十二条 国务院兽医主管部门对动物疫病状况进行风险评估，根据评估结果制定相应的动物疫病预防、控制措施。

国务院兽医主管部门根据国内外动物疫情和保护养殖业生产及人体健康的需要，及时制定并公布动物疫病预防、控制技术规范。

第十三条 国家对严重危害养殖业生产和人体健康的动物疫病实施强制免疫。国务院兽医主管部门确定强制免疫的动物疫病病种和区域，并会同国务院有关部门制定国家动物疫病强制免疫计划。

省、自治区、直辖市人民政府兽医主管部门根据国家动物疫病强制免疫计划，制订本行政区域的强制免疫计划；并可以根据本行政区域内动物疫病流行情况增加实施强制免疫的动物疫病病种和区域，报本级人民政府批准后执行，并报国务院兽医主管部门备案。

第十四条 县级以上地方人民政府兽医主管部门组织实施动物疫病强制免疫计划。乡级人民政府、城市街道办事处应当组织本管辖区域内饲养动物的单位和个人做好强制免疫工作。

饲养动物的单位和个人应当依法履行动物疫病强制免疫义务，按照兽医主管部门的要求做好强制免疫工作。

经强制免疫的动物，应当按照国务院兽医主管部门的规定建立免疫档案，加施畜禽标识，实施可追溯管理。

第十五条 县级以上人民政府应当建立健全动物疫情监测网络，

加强动物疫情监测。

国务院兽医主管部门应当制定国家动物疫病监测计划。省、自治区、直辖市人民政府兽医主管部门应当根据国家动物疫病监测计划，制定本行政区域的动物疫病监测计划。

动物疫病预防控制机构应当按照国务院兽医主管部门的规定，对动物疫病的发生、流行等情况进行监测；从事动物饲养、屠宰、经营、隔离、运输以及动物产品生产、经营、加工、贮藏等活动的单位和个人不得拒绝或者阻碍。

第十六条　国务院兽医主管部门和省、自治区、直辖市人民政府兽医主管部门应当根据对动物疫病发生、流行趋势的预测，及时发出动物疫情预警。地方各级人民政府接到动物疫情预警后，应当采取相应的预防、控制措施。

第十七条　从事动物饲养、屠宰、经营、隔离、运输以及动物产品生产、经营、加工、贮藏等活动的单位和个人，应当依照本法和国务院兽医主管部门的规定，做好免疫、消毒等动物疫病预防工作。

第十八条　种用、乳用动物和宠物应当符合国务院兽医主管部门规定的健康标准。

种用、乳用动物应当接受动物疫病预防控制机构的定期检测；检测不合格的，应当按照国务院兽医主管部门的规定予以处理。

第十九条　动物饲养场（养殖小区）和隔离场所，动物屠宰加工场所，以及动物和动物产品无害化处理场所，应当符合下列动物防疫条件：

（一）场所的位置与居民生活区、生活饮用水源地、学校、医院等公共场所的距离符合国务院兽医主管部门规定的标准；

（二）生产区封闭隔离，工程设计和工艺流程符合动物防疫要求；

（三）有相应的污水、污物、病死动物、染疫动物产品的无害化处理设施设备和清洗消毒设施设备；

（四）有为其服务的动物防疫技术人员；

（五）有完善的动物防疫制度；

（六）具备国务院兽医主管部门规定的其他动物防疫条件。

第二十条　兴办动物饲养场（养殖小区）和隔离场所，动物屠宰加工场所，以及动物和动物产品无害化处理场所，应当向县级以上地方人民政府兽医主管部门提出申请，并附具相关材料。受理申请的兽医主管部门应当依照本法和《中华人民共和国行政许可法》的规定进行审查。经审查合格的，发给动物防疫条件合格证；不合格的，应当通知申请人并说明理由。需要办理工商登记的，申请人凭动物防疫条件合格证向工商行政管理部门申请办理登记注册手续。

动物防疫条件合格证应当载明申请人的名称、场（厂）址等事项。

经营动物、动物产品的集贸市场应当具备国务院兽医主管部门规定的动物防疫条件，并接受动物卫生监督机构的监督检查。

第二十一条　动物、动物产品的运载工具、垫料、包装物、容器等应当符合国务院兽医主管部门规定的动物防疫要求。

染疫动物及其排泄物、染疫动物产品，病死或者死因不明的动物尸体，运载工具中的动物排泄物以及垫料、包装物、容器等污染物，应当按照国务院兽医主管部门的规定处理，不得随意处置。

第二十二条　采集、保存、运输动物病料或者病原微生物以及从事病原微生物研究、教学、检测、诊断等活动，应当遵守国家有

关病原微生物实验室管理的规定。

第二十三条 患有人畜共患传染病的人员不得直接从事动物诊疗以及易感染动物的饲养、屠宰、经营、隔离、运输等活动。

人畜共患传染病名录由国务院兽医主管部门会同国务院卫生主管部门制定并公布。

第二十四条 国家对动物疫病实行区域化管理，逐步建立无规定动物疫病区。无规定动物疫病区应当符合国务院兽医主管部门规定的标准，经国务院兽医主管部门验收合格予以公布。

本法所称无规定动物疫病区，是指具有天然屏障或者采取人工措施，在一定期限内没有发生规定的一种或者几种动物疫病，并经验收合格的区域。

第二十五条 禁止屠宰、经营、运输下列动物和生产、经营、加工、贮藏、运输下列动物产品：

（一）封锁疫区内与所发生动物疫病有关的；

（二）疫区内易感染的；

（三）依法应当检疫而未经检疫或者检疫不合格的；

（四）染疫或者疑似染疫的；

（五）病死或者死因不明的；

（六）其他不符合国务院兽医主管部门有关动物防疫规定的。

第三章 动物疫情的报告、通报和公布

第二十六条 从事动物疫情监测、检验检疫、疫病研究与诊疗以及动物饲养、屠宰、经营、隔离、运输等活动的单位和个人，发现动物染疫或者疑似染疫的，应当立即向当地兽医主管部门、动物卫生监督机构或者动物疫病预防控制机构报告，并采取隔离等控制

措施，防止动物疫情扩散。其他单位和个人发现动物染疫或者疑似染疫的，应当及时报告。

接到动物疫情报告的单位，应当及时采取必要的控制处理措施，并按照国家规定的程序上报。

第二十七条　动物疫情由县级以上人民政府兽医主管部门认定；其中重大动物疫情由省、自治区、直辖市人民政府兽医主管部门认定，必要时报国务院兽医主管部门认定。

第二十八条　国务院兽医主管部门应当及时向国务院有关部门和军队有关部门以及省、自治区、直辖市人民政府兽医主管部门通报重大动物疫情的发生和处理情况；发生人畜共患传染病的，县级以上人民政府兽医主管部门与同级卫生主管部门应当及时相互通报。

国务院兽医主管部门应当依照我国缔结或者参加的条约、协定，及时向有关国际组织或者贸易方通报重大动物疫情的发生和处理情况。

第二十九条　国务院兽医主管部门负责向社会及时公布全国动物疫情，也可以根据需要授权省、自治区、直辖市人民政府兽医主管部门公布本行政区域内的动物疫情。其他单位和个人不得发布动物疫情。

第三十条　任何单位和个人不得瞒报、谎报、迟报、漏报动物疫情，不得授意他人瞒报、谎报、迟报动物疫情，不得阻碍他人报告动物疫情。

第四章　动物疫病的控制和扑灭

第三十一条　发生一类动物疫病时，应当采取下列控制和扑灭措施：

（一）当地县级以上地方人民政府兽医主管部门应当立即派人到现场，划定疫点、疫区、受威胁区，调查疫源，及时报请本级人民政府对疫区实行封锁。疫区范围涉及两个以上行政区域的，由有关行政区域共同的上一级人民政府对疫区实行封锁，或者由各有关行政区域的上一级人民政府共同对疫区实行封锁。必要时，上级人民政府可以责成下级人民政府对疫区实行封锁。

（二）县级以上地方人民政府应当立即组织有关部门和单位采取封锁、隔离、扑杀、销毁、消毒、无害化处理、紧急免疫接种等强制性措施，迅速扑灭疫病。

（三）在封锁期间，禁止染疫、疑似染疫和易感染的动物、动物产品流出疫区，禁止非疫区的易感染动物进入疫区，并根据扑灭动物疫病的需要对出入疫区的人员、运输工具及有关物品采取消毒和其他限制性措施。

第三十二条　发生二类动物疫病时，应当采取下列控制和扑灭措施：

（一）当地县级以上地方人民政府兽医主管部门应当划定疫点、疫区、受威胁区。

（二）县级以上地方人民政府根据需要组织有关部门和单位采取隔离、扑杀、销毁、消毒、无害化处理、紧急免疫接种、限制易感染的动物和动物产品及有关物品出入等控制、扑灭措施。

第三十三条　疫点、疫区、受威胁区的撤销和疫区封锁的解除，按照国务院兽医主管部门规定的标准和程序评估后，由原决定机关决定并宣布。

第三十四条　发生三类动物疫病时，当地县级、乡级人民政府应当按照国务院兽医主管部门的规定组织防治和净化。

第三十五条　二、三类动物疫病呈暴发性流行时，按照一类动物疫病处理。

第三十六条　为控制、扑灭动物疫病，动物卫生监督机构应当派人在当地依法设立的现有检查站执行监督检查任务；必要时，经省、自治区、直辖市人民政府批准，可以设立临时性的动物卫生监督检查站，执行监督检查任务。

第三十七条　发生人畜共患传染病时，卫生主管部门应当组织对疫区易感染的人群进行监测，并采取相应的预防、控制措施。

第三十八条　疫区内有关单位和个人，应当遵守县级以上人民政府及其兽医主管部门依法作出的有关控制、扑灭动物疫病的规定。

任何单位和个人不得藏匿、转移、盗掘已被依法隔离、封存、处理的动物和动物产品。

第三十九条　发生动物疫情时，航空、铁路、公路、水路等运输部门应当优先组织运送控制、扑灭疫病的人员和有关物资。

第四十条　一、二、三类动物疫病突然发生，迅速传播，给养殖业生产安全造成严重威胁、危害，以及可能对公众身体健康与生命安全造成危害，构成重大动物疫情的，依照法律和国务院的规定采取应急处理措施。

第五章　动物和动物产品的检疫

第四十一条　动物卫生监督机构依照本法和国务院兽医主管部门的规定对动物、动物产品实施检疫。

动物卫生监督机构的官方兽医具体实施动物、动物产品检疫。官方兽医应当具备规定的资格条件，取得国务院兽医主管部门颁发的资格证书，具体办法由国务院兽医主管部门会同国务院人事行政

部门制定。

本法所称官方兽医，是指具备规定的资格条件并经兽医主管部门任命的，负责出具检疫等证明的国家兽医工作人员。

第四十二条　屠宰、出售或者运输动物以及出售或者运输动物产品前，货主应当按照国务院兽医主管部门的规定向当地动物卫生监督机构申报检疫。

动物卫生监督机构接到检疫申报后，应当及时指派官方兽医对动物、动物产品实施现场检疫；检疫合格的，出具检疫证明、加施检疫标志。实施现场检疫的官方兽医应当在检疫证明、检疫标志上签字或者盖章，并对检疫结论负责。

第四十三条　屠宰、经营、运输以及参加展览、演出和比赛的动物，应当附有检疫证明；经营和运输的动物产品，应当附有检疫证明、检疫标志。

对前款规定的动物、动物产品，动物卫生监督机构可以查验检疫证明、检疫标志，进行监督抽查，但不得重复检疫收费。

第四十四条　经铁路、公路、水路、航空运输动物和动物产品的，托运人托运时应当提供检疫证明；没有检疫证明的，承运人不得承运。

运载工具在装载前和卸载后应当及时清洗、消毒。

第四十五条　输入到无规定动物疫病区的动物、动物产品，货主应当按照国务院兽医主管部门的规定向无规定动物疫病区所在地动物卫生监督机构申报检疫，经检疫合格的，方可进入；检疫所需费用纳入无规定动物疫病区所在地地方人民政府财政预算。

第四十六条　跨省、自治区、直辖市引进乳用动物、种用动物及其精液、胚胎、种蛋的，应当向输入地省、自治区、直辖市动物

卫生监督机构申请办理审批手续，并依照本法第四十二条的规定取得检疫证明。

跨省、自治区、直辖市引进的乳用动物、种用动物到达输入地后，货主应当按照国务院兽医主管部门的规定对引进的乳用动物、种用动物进行隔离观察。

第四十七条 人工捕获的可能传播动物疫病的野生动物，应当报经捕获地动物卫生监督机构检疫，经检疫合格的，方可饲养、经营和运输。

第四十八条 经检疫不合格的动物、动物产品，货主应当在动物卫生监督机构监督下按照国务院兽医主管部门的规定处理，处理费用由货主承担。

第四十九条 依法进行检疫需要收取费用的，其项目和标准由国务院财政部门、物价主管部门规定。

第六章　动物诊疗

第五十条 从事动物诊疗活动的机构，应当具备下列条件：

（一）有与动物诊疗活动相适应并符合动物防疫条件的场所；

（二）有与动物诊疗活动相适应的执业兽医；

（三）有与动物诊疗活动相适应的兽医器械和设备；

（四）有完善的管理制度。

第五十一条 设立从事动物诊疗活动的机构，应当向县级以上地方人民政府兽医主管部门申请动物诊疗许可证。受理申请的兽医主管部门应当依照本法和《中华人民共和国行政许可法》的规定进行审查。经审查合格的，发给动物诊疗许可证；不合格的，应当通知申请人并说明理由。申请人凭动物诊疗许可证向工商行政管理部

门申请办理登记注册手续，取得营业执照后，方可从事动物诊疗活动。

第五十二条　动物诊疗许可证应当载明诊疗机构名称、诊疗活动范围、从业地点和法定代表人（负责人）等事项。

动物诊疗许可证载明事项变更的，应当申请变更或者换发动物诊疗许可证，并依法办理工商变更登记手续。

第五十三条　动物诊疗机构应当按照国务院兽医主管部门的规定，做好诊疗活动中的卫生安全防护、消毒、隔离和诊疗废弃物处置等工作。

第五十四条　国家实行执业兽医资格考试制度。具有兽医相关专业大学专科以上学历的，可以申请参加执业兽医资格考试；考试合格的，由国务院兽医主管部门颁发执业兽医资格证书；从事动物诊疗的，还应当向当地县级人民政府兽医主管部门申请注册。执业兽医资格考试和注册办法由国务院兽医主管部门商国务院人事行政部门制定。

本法所称执业兽医，是指从事动物诊疗和动物保健等经营活动的兽医。

第五十五条　经注册的执业兽医，方可从事动物诊疗、开具兽药处方等活动。但是，本法第五十七条对乡村兽医服务人员另有规定的，从其规定。

执业兽医、乡村兽医服务人员应当按照当地人民政府或者兽医主管部门的要求，参加预防、控制和扑灭动物疫病的活动。

第五十六条　从事动物诊疗活动，应当遵守有关动物诊疗的操作技术规范，使用符合国家规定的兽药和兽医器械。

第五十七条　乡村兽医服务人员可以在乡村从事动物诊疗服务

活动，具体管理办法由国务院兽医主管部门制定。

第七章 监督管理

第五十八条 动物卫生监督机构依照本法规定，对动物饲养、屠宰、经营、隔离、运输以及动物产品生产、经营、加工、贮藏、运输等活动中的动物防疫实施监督管理。

第五十九条 动物卫生监督机构执行监督检查任务，可以采取下列措施，有关单位和个人不得拒绝或者阻碍：

（一）对动物、动物产品按照规定采样、留验、抽检；

（二）对染疫或者疑似染疫的动物、动物产品及相关物品进行隔离、查封、扣押和处理；

（三）对依法应当检疫而未经检疫的动物实施补检；

（四）对依法应当检疫而未经检疫的动物产品，具备补检条件的实施补检，不具备补检条件的予以没收销毁；

（五）查验检疫证明、检疫标志和畜禽标识；

（六）进入有关场所调查取证，查阅、复制与动物防疫有关的资料。

动物卫生监督机构根据动物疫病预防、控制需要，经当地县级以上地方人民政府批准，可以在车站、港口、机场等相关场所派驻官方兽医。

第六十条 官方兽医执行动物防疫监督检查任务，应当出示行政执法证件，佩带统一标志。

动物卫生监督机构及其工作人员不得从事与动物防疫有关的经营性活动，进行监督检查不得收取任何费用。

第六十一条 禁止转让、伪造或者变造检疫证明、检疫标志或

者畜禽标识。

检疫证明、检疫标志的管理办法，由国务院兽医主管部门制定。

第八章　保障措施

第六十二条　县级以上人民政府应当将动物防疫纳入本级国民经济和社会发展规划及年度计划。

第六十三条　县级人民政府和乡级人民政府应当采取有效措施，加强村级防疫员队伍建设。

县级人民政府兽医主管部门可以根据动物防疫工作需要，向乡、镇或者特定区域派驻兽医机构。

第六十四条　县级以上人民政府按照本级政府职责，将动物疫病预防、控制、扑灭、检疫和监督管理所需经费纳入本级财政预算。

第六十五条　县级以上人民政府应当储备动物疫情应急处理工作所需的防疫物资。

第六十六条　对在动物疫病预防和控制、扑灭过程中强制扑杀的动物、销毁的动物产品和相关物品，县级以上人民政府应当给予补偿。具体补偿标准和办法由国务院财政部门会同有关部门制定。

因依法实施强制免疫造成动物应激死亡的，给予补偿。具体补偿标准和办法由国务院财政部门会同有关部门制定。

第六十七条　对从事动物疫病预防、检疫、监督检查、现场处理疫情以及在工作中接触动物疫病病原体的人员，有关单位应当按照国家规定采取有效的卫生防护措施和医疗保健措施。

第九章　法律责任

第六十八条　地方各级人民政府及其工作人员未依照本法规定

履行职责的，对直接负责的主管人员和其他直接责任人员依法给予处分。

第六十九条　县级以上人民政府兽医主管部门及其工作人员违反本法规定，有下列行为之一的，由本级人民政府责令改正，通报批评；对直接负责的主管人员和其他直接责任人员依法给予处分：

（一）未及时采取预防、控制、扑灭等措施的；

（二）对不符合条件的颁发动物防疫条件合格证、动物诊疗许可证，或者对符合条件的拒不颁发动物防疫条件合格证、动物诊疗许可证的；

（三）其他未依照本法规定履行职责的行为。

第七十条　动物卫生监督机构及其工作人员违反本法规定，有下列行为之一的，由本级人民政府或者兽医主管部门责令改正，通报批评；对直接负责的主管人员和其他直接责任人员依法给予处分：

（一）对未经现场检疫或者检疫不合格的动物、动物产品出具检疫证明、加施检疫标志，或者对检疫合格的动物、动物产品拒不出具检疫证明、加施检疫标志的；

（二）对附有检疫证明、检疫标志的动物、动物产品重复检疫的；

（三）从事与动物防疫有关的经营性活动，或者在国务院财政部门、物价主管部门规定外加收费用、重复收费的；

（四）其他未依照本法规定履行职责的行为。

第七十一条　动物疫病预防控制机构及其工作人员违反本法规定，有下列行为之一的，由本级人民政府或者兽医主管部门责令改正，通报批评；对直接负责的主管人员和其他直接责任人员依法给予处分：

（一）未履行动物疫病监测、检测职责或者伪造监测、检测结果的；

（二）发生动物疫情时未及时进行诊断、调查的；

（三）其他未依照本法规定履行职责的行为。

第七十二条　地方各级人民政府、有关部门及其工作人员瞒报、谎报、迟报、漏报或者授意他人瞒报、谎报、迟报动物疫情，或者阻碍他人报告动物疫情的，由上级人民政府或者有关部门责令改正，通报批评；对直接负责的主管人员和其他直接责任人员依法给予处分。

第七十三条　违反本法规定，有下列行为之一的，由动物卫生监督机构责令改正，给予警告；拒不改正的，由动物卫生监督机构代作处理，所需处理费用由违法行为人承担，可以处一千元以下罚款：

（一）对饲养的动物不按照动物疫病强制免疫计划进行免疫接种的；

（二）种用、乳用动物未经检测或者经检测不合格而不按照规定处理的；

（三）动物、动物产品的运载工具在装载前和卸载后没有及时清洗、消毒的。

第七十四条　违反本法规定，对经强制免疫的动物未按照国务院兽医主管部门规定建立免疫档案、加施畜禽标识的，依照《中华人民共和国畜牧法》的有关规定处罚。

第七十五条　违反本法规定，不按照国务院兽医主管部门规定处置染疫动物及其排泄物，染疫动物产品，病死或者死因不明的动物尸体，运载工具中的动物排泄物以及垫料、包装物、容器等污染

物以及其他经检疫不合格的动物、动物产品的，由动物卫生监督机构责令无害化处理，所需处理费用由违法行为人承担，可以处三千元以下罚款。

第七十六条　违反本法第二十五条规定，屠宰、经营、运输动物或者生产、经营、加工、贮藏、运输动物产品的，由动物卫生监督机构责令改正、采取补救措施，没收违法所得和动物、动物产品，并处同类检疫合格动物、动物产品货值金额一倍以上五倍以下罚款；其中依法应当检疫而未检疫的，依照本法第七十八条的规定处罚。

第七十七条　违反本法规定，有下列行为之一的，由动物卫生监督机构责令改正，处一千元以上一万元以下罚款；情节严重的，处一万元以上十万元以下罚款：

（一）兴办动物饲养场（养殖小区）和隔离场所，动物屠宰加工场所，以及动物和动物产品无害化处理场所，未取得动物防疫条件合格证的；

（二）未办理审批手续，跨省、自治区、直辖市引进乳用动物、种用动物及其精液、胚胎、种蛋的；

（三）未经检疫，向无规定动物疫病区输入动物、动物产品的。

第七十八条　违反本法规定，屠宰、经营、运输的动物未附有检疫证明，经营和运输的动物产品未附有检疫证明、检疫标志的，由动物卫生监督机构责令改正，处同类检疫合格动物、动物产品货值金额百分之十以上百分之五十以下罚款；对货主以外的承运人处运输费用一倍以上三倍以下罚款。

违反本法规定，参加展览、演出和比赛的动物未附有检疫证明的，由动物卫生监督机构责令改正，处一千元以上三千元以下罚款。

第七十九条　违反本法规定，转让、伪造或者变造检疫证明、

检疫标志或者畜禽标识的，由动物卫生监督机构没收违法所得，收缴检疫证明、检疫标志或者畜禽标识，并处三千元以上三万元以下罚款。

第八十条　违反本法规定，有下列行为之一的，由动物卫生监督机构责令改正，处一千元以上一万元以下罚款：

（一）不遵守县级以上人民政府及其兽医主管部门依法作出的有关控制、扑灭动物疫病规定的；

（二）藏匿、转移、盗掘已被依法隔离、封存、处理的动物和动物产品的；

（三）发布动物疫情的。

第八十一条　违反本法规定，未取得动物诊疗许可证从事动物诊疗活动的，由动物卫生监督机构责令停止诊疗活动，没收违法所得；违法所得在三万元以上的，并处违法所得一倍以上三倍以下罚款；没有违法所得或者违法所得不足三万元的，并处三千元以上三万元以下罚款。

动物诊疗机构违反本法规定，造成动物疫病扩散的，由动物卫生监督机构责令改正，处一万元以上五万元以下罚款；情节严重的，由发证机关吊销动物诊疗许可证。

第八十二条　违反本法规定，未经兽医执业注册从事动物诊疗活动的，由动物卫生监督机构责令停止动物诊疗活动，没收违法所得，并处一千元以上一万元以下罚款。

执业兽医有下列行为之一的，由动物卫生监督机构给予警告，责令暂停六个月以上一年以下动物诊疗活动；情节严重的，由发证机关吊销注册证书：

（一）违反有关动物诊疗的操作技术规范，造成或者可能造成动

物疫病传播、流行的；

（二）使用不符合国家规定的兽药和兽医器械的；

（三）不按照当地人民政府或者兽医主管部门要求参加动物疫病预防、控制和扑灭活动的。

第八十三条　违反本法规定，从事动物疫病研究与诊疗和动物饲养、屠宰、经营、隔离、运输，以及动物产品生产、经营、加工、贮藏等活动的单位和个人，有下列行为之一的，由动物卫生监督机构责令改正；拒不改正的，对违法行为单位处一千元以上一万元以下罚款，对违法行为个人可以处五百元以下罚款：

（一）不履行动物疫情报告义务的；

（二）不如实提供与动物防疫活动有关资料的；

（三）拒绝动物卫生监督机构进行监督检查的；

（四）拒绝动物疫病预防控制机构进行动物疫病监测、检测的。

第八十四条　违反本法规定，构成犯罪的，依法追究刑事责任。

违反本法规定，导致动物疫病传播、流行等，给他人人身、财产造成损害的，依法承担民事责任。

第十章　附　则

第八十五条　本法自 2008 年 1 月 1 日起施行。

内蒙古自治区动物防疫条例

2014 年 9 月 27 日内蒙古自治区第十二届人民代表大会常务委员会第十二次会议通过。

本条例自 2014 年 12 月 1 日起施行。2002 年 9 月 27 日内蒙古自治区第九届人民代表大会常务委员会第三十二次会议通过的《内蒙古自治区动物防疫条例》同时废止。

第一章　总　　则

第一条　为了加强对动物防疫活动的管理，预防、控制和扑灭动物疫病，促进养殖业发展，保护人体健康，维护公共卫生安全，根据《中华人民共和国动物防疫法》《重大动物疫情应急条例》和国家有关法律、法规，结合自治区实际，制定本条例。

第二条　自治区行政区域内从事动物防疫及其监督管理活动，适用本条例。

进出境动物、动物产品的检疫，依照国家有关法律、法规的规定执行。

第三条　旗县级以上人民政府应当加强对动物防疫工作的统一领导，将动物防疫工作纳入国民经济和社会发展规划及年度计划，加强基层动物防疫队伍和动物防疫基础设施建设，建立健全动物防疫体系，制定并组织实施动物疫病防治规划。

苏木乡镇人民政府、街道办事处应当组织群众协助做好本辖区的动物疫病预防与控制工作。

嘎查村民委员会、居民委员会应当督促和引导嘎查村民、居民依法履行动物防疫义务。

第四条　旗县级以上人民政府兽医主管部门负责本行政区域的动物防疫及其监督管理工作。

旗县级以上人民政府发展和改革、财政、公安、交通运输、卫生、环境保护、林业、食品药品监督管理、工商行政管理、质量技术监督等部门，按照各自职责做好动物防疫相关工作。

第五条　旗县级以上人民政府设立的动物卫生监督机构，负责动物、动物产品的检疫工作以及其他有关动物防疫的监督管理执法工作。

旗县级以上人民政府设立的动物疫病预防控制机构，负责动物疫病的监测、检测、诊断、流行病学调查、疫情报告以及其他预防、控制和培训等技术工作。

第六条　苏木乡镇畜牧兽医站（动物卫生监督分所）是旗县级人民政府兽医主管部门的派出机构，具体承担本辖区的动物防疫和动物卫生监督管理工作。

第七条　旗县级人民政府应当根据动物防疫工作需要，在嘎查村设立动物防疫室，聘用嘎查村级动物防疫员，承担动物防疫工作。

第八条　各级人民政府及其有关部门、新闻媒体应当加强动物防疫法律、法规和动物防疫知识的宣传，提高公众的动物防疫意识和能力。

第二章　动物疫病的预防

第九条　自治区人民政府兽医主管部门根据国家动物疫病强制免疫计划，制定自治区动物疫病强制免疫计划；并根据自治区行政区域内动物疫病流行情况增加实施强制免疫的动物疫病病种和区域，报自治区人民政府批准后执行，并报国务院兽医主管部门备案。

第十条　盟行政公署、设区的市和旗县级人民政府兽医主管部门组织实施动物疫病强制免疫计划。苏木乡镇人民政府、街道办事处应当组织本辖区饲养动物的单位和个人做好强制免疫工作。

饲养、经营动物的单位和个人应当依法履行动物疫病强制免疫义务。

第十一条　自治区人民政府兽医主管部门应当制定自治区动物疫病监测和流行病学调查计划。盟行政公署、设区的市和旗县级人民政府兽医主管部门应当根据自治区动物疫病监测和流行病学调查计划，制定本行政区域的动物疫病监测和流行病学调查方案。

旗县级以上动物疫病预防控制机构应当按照动物疫病监测和流行病学调查计划对动物疫病的发生、流行以及免疫效果等情况进行监测，并逐级上报监测信息，同时报告同级兽医主管部门。

第十二条　旗县级以上人民政府应当组织有关部门建立人畜共患传染病防控合作机制，制定人畜共患传染病防控方案，对易感染动物和相关人群进行人畜共患传染病的监测，及时通报相关信息，并按照各自职责采取防控措施。

第十三条　动物饲养场（养殖小区）、养殖专业合作组织等饲养动物的单位应当配备相应的设施和兽医专业技术人员，按照国家和本条例的规定做好动物疫病预防免疫、消毒、隔离、无害化处理、采样、疫情巡查、报告、免疫记录等工作。

农村牧区饲养动物的个人应当配合嘎查村级动物防疫员做好动物的免疫、采样、疫情巡查、报告等工作，并做好动物保定工作。

第十四条　旗县级人民政府兽医主管部门应当按照合理布局、方便免疫接种的原则设置狂犬病免疫点。

犬类动物饲养者应当对其饲养的犬类动物实施免疫接种、驱虫、

排泄物处置等疫病预防措施。

第十五条 旗县级以上人民政府兽医主管部门应当建立动物疫病免疫密度和免疫质量评估制度。

免疫密度和免疫质量未达到规定标准的，相关旗县人民政府及其兽医主管部门和苏木乡镇人民政府、街道办事处应当按照职责组织制定整改措施，要求饲养动物的单位和个人重新免疫或者补免。

第十六条 旗县级以上人民政府兽医主管部门应当加强畜禽标识以及养殖档案信息管理，完善信息采集传输、数据分析处理等相关设施，实施动物、动物产品可追溯管理。

从事动物饲养的单位和个人应当按照国家有关规定建立规范的养殖档案，并对其饲养的动物加施畜禽标识。

第十七条 任何单位和个人不得销售、收购、运输、屠宰应当加施畜禽标识而没有加施畜禽标识的动物；不得经营、运输没有粘贴检疫合格标志的动物产品。

第十八条 自治区对动物疫病实施区域化管理。旗县级以上人民政府应当制定本行政区域的动物疫病区域化管理规划和建设方案，逐步建立生物安全隔离区、无规定动物疫病区。

第三章 重大动物疫情的处理

第十九条 旗县级以上人民政府应当设立动物疫情应急指挥部，统一领导、指挥动物疫情应急处理工作。

应急指挥部的办事机构设在本级人民政府兽医主管部门，负责动物疫情应急处理的日常工作。

第二十条 旗县级以上人民政府应当制定本行政区域的重大动物疫情应急预案，并报上一级人民政府兽医主管部门备案。旗县级

以上人民政府兽医主管部门，应当按照不同动物疫病病种及其流行特点和危害程度，分别制定实施方案。

重大动物疫情应急预案及其实施方案应当根据疫情的发展变化和实施情况，及时修改、完善。

第二十一条　旗县级以上人民政府应当根据重大动物疫情应急需要，按照国家规定成立重大动物疫情专家组和应急预备队。苏木乡镇人民政府、街道办事处应当确定重大动物疫情应急处置预备人员。

应急预备队和应急处置预备人员应当定期进行技术培训和应急演练。

第二十二条　旗县级以上人民政府以及有关部门应当建立健全重大动物疫情应急物资储备制度，根据重大动物疫情应急预案的要求，确保应急处理所需物资的储备。

第二十三条　动物饲养场（养殖小区）、动物隔离场所、动物屠宰加工厂（场）、动物和动物产品集贸市场应当按照重大动物疫情应急预案的要求，制定本单位重大动物疫情应急工作方案，确定重大动物疫情应急处置预备人员，储备必要的应急处理所需物资。

第二十四条　自治区人民政府兽医主管部门根据授权公布动物疫情，其他单位和个人不得发布动物疫情。

从事动物疫情监测、检验检疫、疫病研究与诊疗以及动物饲养、屠宰、经营、隔离、运输等活动的单位和个人，发现动物染疫或者疑似染疫的，应当立即向所在地人民政府兽医主管部门、动物卫生监督机构或者动物疫病预防控制机构报告，并采取隔离等控制措施，防止动物疫情扩散。兽医主管部门、动物卫生监督机构和动物疫病预防控制机构应当将联系地址和联系方式向社会公布。

接到动物疫情报告的单位，应当及时采取必要的控制处理措施，并按照国家规定程序逐级上报。

出入境检验检疫机构、林业等部门发现动物疫情，应当及时向所在地人民政府兽医主管部门通报。

第二十五条　旗县级以上动物疫病预防控制机构接到动物疫情报告后，立即派人进行现场调查。疑似重大动物疫情的，应当及时采集病料送自治区动物疫病预防控制机构进行诊断。

第二十六条　在重大动物疫情报告期间，旗县级以上人民政府兽医主管部门应当立即采取临时隔离控制等相关措施。必要时，旗县级以上人民政府可以作出封锁决定，并采取扑杀、销毁等措施。

第二十七条　重大动物疫情由自治区人民政府兽医主管部门认定；必要时，报国务院兽医主管部门认定。

第二十八条　重大动物疫情确认后，旗县级以上人民政府应当启动应急预案，采取封锁、隔离、扑杀、无害化处理、消毒、紧急免疫、疫情监测、流行病学调查等措施，并组织有关部门做好重大动物疫情应急所需的物资紧急调度和运输、应急经费安排、疫区群众救济、人的疫病防治、肉食品供应以及动物和动物产品市场监管等工作；公安部门负责疫区封锁、社会治安和安全保卫，并协助、参与动物扑杀；工商行政管理部门负责关闭相关动物和动物产品交易市场；卫生部门负责做好相关人群的疫情监测；其他行政管理部门依据各自职责，协同做好相关工作。

第四章　动物和动物产品检疫

第二十九条　动物卫生监督机构依法对动物、动物产品实施检疫，签发检疫合格证明，加施检疫标志。

第三十条　动物检疫实行申报制度。

屠宰、出售或者运输动物以及出售或者运输动物产品前，货主应当向所在地动物卫生监督机构申报检疫。

第三十一条　旗县级以上人民政府兽医主管部门应当加强动物检疫申报点的建设和管理。

动物卫生监督机构应当根据动物养殖规模、分布和地域环境合理设置动物检疫申报点，并向社会公布动物检疫申报点、检疫范围和检疫对象。

第三十二条　下列动物、动物产品在离开产地前，货主应当按照规定时限向所在地动物卫生监督机构申报检疫：

（一）出售、运输动物产品和供屠宰、继续饲养的动物，应当提前三日申报检疫；

（二）出售、运输乳用动物、种用动物及其精液、卵、胚胎、种蛋，以及参加展览、演出和比赛的动物，应当提前十五日申报检疫。

第三十三条　合法捕获野生动物的，应当在捕获之日起三日内向捕获地旗县级动物卫生监督机构申报检疫。

第三十四条　申报检疫的，应当提交检疫申报单。跨省、自治区、直辖市调运乳用动物、种用动物及其精液、胚胎、种蛋的，还应当提交输入地省、自治区、直辖市动物卫生监督机构批准的跨省引进乳用、种用动物检疫审批表。

申报检疫采取申报点填报、传真、电话等方式申报。采用电话申报的，应当在现场补填检疫申报单。

第三十五条　动物卫生监督机构受理检疫申报后，应当派出官方兽医到现场或者指定地点实施检疫，检疫合格的，出具检疫合格证明，加施检疫标志；检疫不合格的，监督货主按照国家有关技术

规范进行处理；不予受理的，应当书面说明理由。

出售或者运输的动物、动物产品取得动物检疫合格证明后，方可离开产地。

第三十六条 自治区对猪、牛、羊、禽等动物实行定点屠宰，但农村牧区自宰自食的除外。

旗县级动物卫生监督机构应当向定点屠宰加工厂（场）派驻官方兽医，实施集中检疫。

第三十七条 经检疫合格的食用动物产品进入到批发、零售市场或者生产加工企业后，需要直接在当地分销或者贮藏后需继续调运、分销的，货主应当为购买者出具检疫信息追溯凭证。

第五章　动物诊疗

第三十八条 自治区实行动物诊疗许可制度。

从事动物诊疗活动的机构，应当具备法定条件，取得旗县级以上人民政府兽医主管部门核发的动物诊疗许可证，并在规定的诊疗活动范围内开展动物诊疗活动。

第三十九条 经注册的执业兽医，方可从事动物诊疗、开具兽药处方等活动。

乡村兽医在苏木乡镇、嘎查村从事动物诊疗活动的，应当按照国家有关规定进行登记。

第四十条 机构应当严格执行有关动物诊疗操作技术规范，使用符合国家规定的兽药和兽医器械，做好诊疗活动中的卫生安全防护、消毒、隔离、诊疗废弃物处置以及诊疗记录等工作。

第四十一条 机构不得有下列行为：

（一）聘用未取得执业兽医资格证书或者未办理注册备案手续的

人员从事动物诊疗活动；

（二）随意抛弃病死动物、动物病理组织或者医疗废弃物等；

（三）排放未经无害化处理或者处理不达标的诊疗废水；

（四）使用假、劣兽药和国家禁用的药品以及其他化合物；

（五）经营或者违反国家规定使用兽用生物制品；

（六）无诊疗和用药记录；

（七）其他违反法律、法规、规章的行为。

第四十二条　机构和乡村兽医发现动物染疫或者疑似染疫的，应当立即向所在地人民政府兽医主管部门、动物卫生监督机构或者动物疫病预防控制机构报告，并采取隔离等控制措施，防止动物疫情扩散。

机构和乡村兽医发现动物患有或者疑似患有国家规定应当扑杀的疫病时，不得擅自进行治疗。

第六章　动物和动物产品调运的防疫监督

第四十三条　自治区人民政府根据动物防疫和检疫的需要，指定动物、动物产品运输通道及道口，设立动物卫生监督检查站，并向社会公布。

旗县级以上人民政府应当按照国家有关规定，规范建设指定通道的公路、铁路、水路、航空动物卫生监督检查站。

第四十四条　旗县级以上人民政府应当在自治区指定运输通道以外的乡级以上公路自治区界道口，设立动物、动物产品运输禁行标志。

第四十五条　从事动物和动物产品经营、运输活动的单位和个人，应当书面告知所在地旗县级动物卫生监督机构。

第四十六条 输入自治区境内的动物、动物产品，应当到指定通道动物卫生监督检查站接受查证、验物、签章和车辆消毒等。未经检查和消毒的，不得进入。

任何单位和个人不得接收未经指定通道动物卫生监督检查站检查输入自治区境内的动物、动物产品。

第四十七条 从自治区外引进乳用动物、种用动物及其精液、胚胎、种蛋的，应当经自治区动物卫生监督机构批准。引进的种用、乳用动物到达输入地后，货主应当按照国家有关规定进行隔离观察，隔离观察期满经检疫合格后方可混群饲养；检疫不合格的，按照国家有关规定进行处理。

第四十八条 从自治区外或者跨盟市引进用于饲养的非乳用动物、非种用动物的，应当到达输入地后二十四小时内向所在地旗县级动物卫生监督机构报告。引进动物应当按照国家有关规定进行隔离观察，隔离观察期满经检疫合格后方可混群饲养；检疫不合格的，按照国家有关规定进行处理。

第七章 病死动物无害化处理

第四十九条 动物饲养者、货主、承运人应当对病死动物按照国家有关规定进行无害化处理。

禁止任何单位和个人随意丢弃、处置以及出售、收购、加工病死、死因不明、非正常死亡或者检疫不合格的动物。

第五十条 旗县级人民政府应当按照统筹规划、合理布局的原则，组织建设病死动物无害化处理公共设施，确定运营单位及其相应责任，落实运营经费。

旗县级以上人民政府兽医主管部门应当加强对病死动物无害化

处理公共设施运营的监督管理，并将运营单位的责任区域和位置、联系方式向社会公布。

自治区鼓励社会投资建设病死动物无害化处理公共设施。

第五十一条　动物饲养场（养殖小区）、动物隔离场所、动物屠宰加工厂（场）应当具有符合国务院兽医主管部门规定要求的病死动物无害化处理设施，对其病死动物进行无害化处理。

不具有病死动物无害化处理设施的科研教学单位、动物诊疗机构等，应当将其病死动物委托无害化处理公共设施运营单位处理。处理费用由委托人承担。

第五十二条　城镇和农村牧区饲养动物的个人应当将其病死动物运送至无害化处理公共设施运营单位，或者向无害化处理公共设施运营单位报告。

不具备集中无害化处理条件的农村牧区饲养动物的个人应当在指定区域通过深埋等方式对其病死动物进行无害化处理。

第五十三条　无害化处理公共设施运营单位接到报告后应当及时收运病死动物，并进行无害化处理。

收运病死动物和无害化处理不得向城镇、农村牧区饲养动物的个人收取费用。

第五十四条　弃置在公共场所的病死动物，由所在地市容环境卫生主管部门、苏木乡镇人民政府组织清理，并将病死动物交由无害化处理公共设施运营单位进行无害化处理。

第五十五条　旗县级人民政府应当制定病死动物无害化处理管理办法，建立病死动物无害化处理监督管理责任制度、重点场所巡查制度和举报奖励制度，督促有关部门履行无害化处理的监督管理职责。

第八章　保障措施

第五十六条　旗县级以上人民政府应当将动物疫病的预防、控制、扑灭、检疫和监督管理所需经费列入本级财政预算。

第五十七条　旗县级以上人民政府兽医主管部门应当加强动物疫病预防控制生物制品冷链建设和使用管理，适量储备预防、控制和扑灭动物疫病所需的药品、生物制品和其他有关物资。

第五十八条　对在动物疫病预防、控制、扑灭过程中强制扑杀的动物、销毁的动物产品和相关物品或者因依法实施强制免疫造成动物应激死亡的，旗县级以上人民政府应当区别不同情况给予补偿。具体补偿办法和标准按照国家和自治区有关规定执行。

第五十九条　旗县级以上人民政府应当加强嘎查村级动物防疫员队伍建设，采取有效措施，保障嘎查村级动物防疫员履行动物防疫职责。嘎查村级动物防疫员的工作补贴、养老保险、医疗保险等待遇和监督管理的具体办法由自治区人民政府制定。

第六十条　对从事动物疫病免疫、检疫、监测、检测、诊断、监督检查、现场处理疫情以及在工作中接触动物疫病病原体的人员，有关单位应当按照国家和自治区有关规定采取卫生防护和医疗保健措施。

第六十一条　发生动物疫情时，航空、铁路、公路、水路等运输部门应当优先组织运送控制、扑灭疫病的人员和有关物资，为动物疫病预防、控制、扑灭工作提供便利条件。

第九章　法律责任

第六十二条　违反本条例规定的行为，《中华人民共和国动物防

疫法》、《重大动物疫情应急条例》等国家有关法律、法规已经作出具体处罚规定的，从其规定。

第六十三条　违反本条例第十条第二款、第十四条第二款规定，对饲养的动物不按照动物疫病强制免疫计划进行免疫接种的，由动物卫生监督机构给予警告，责令改正；拒不改正的，可以处1000元以下罚款。

第六十四条　违反本条例第四十一条第一、二、三项规定，聘用未取得执业兽医资格证书或者未办理注册备案手续的人员从事动物诊疗活动，随意抛弃病死动物、动物病理组织或者医疗废弃物，排放未经无害化处理或者处理不达标诊疗废水的，由动物卫生监督机构责令改正，没收违法所得，并可以处3000元以下罚款；情节严重的，责令停止诊疗活动。

违反本条例第四十一条第四、五、六项规定，使用假、劣兽药和国家禁用的药品以及其他化合物，经营或者违反国家规定使用兽用生物制品，无用药记录的，由动物卫生监督机构责令改正，并处1万元以上5万元以下罚款。

第六十五条　违反本条例第四十六条规定，未经指定检查站检查、消毒或者接收未经指定检查站检查输入自治区境内的动物、动物产品的，由动物卫生监督机构处1000元以上1万元以下罚款。引发动物疫情的，处1万元以上5万元以下罚款。

第六十六条　违反本条例第四十八条规定，未向所在地旗县级动物卫生监督机构报告的，由动物卫生监督机构责令改正，并处500元以上2000元以下罚款。引发动物疫情的，处1万元以上5万元以下罚款。

第六十七条　违反本条例第四十九条第二款规定，随意丢弃、

处置病死、死因不明、非正常死亡或者检疫不合格动物的，由动物卫生监督机构责令改正，并可以处 3 000 元以下罚款；造成动物疫病扩散的，处 1 万元以上 5 万元以下罚款。

第六十八条　旗县级以上人民政府兽医主管部门及其工作人员违反本条例规定，有下列行为之一的，由本级人民政府责令改正，通报批评；对直接负责的主管人员和其他直接责任人员依法给予处分：

（一）未及时采取预防、控制、扑灭等措施的；

（二）对不符合条件的颁发动物防疫条件合格证、动物诊疗许可证，或者对符合条件的拒不颁发动物防疫条件合格证、动物诊疗许可证的；

（三）其他未依照本条例规定履行职责的行为。

第六十九条　动物卫生监督机构及其工作人员违反本条例规定，有下列行为之一的，由本级人民政府或者本级兽医主管部门责令改正，通报批评；对直接负责的主管人员和其他直接责任人员依法给予处分：

（一）对未经现场检疫或者检疫不合格的动物、动物产品出具检疫证明、加施检疫标志，或者对检疫合格的动物、动物产品拒不出具检疫证明、加施检疫标志的；

（二）对附有检疫证明、检疫标志的动物、动物产品重复检疫的；

（三）从事与动物防疫有关的经营性活动的；

（四）其他未依照本条例规定履行职责的行为。

第七十条　动物疫病预防控制机构及其工作人员违反本条例规定，有下列行为之一的，由本级人民政府或者本级兽医主管部门责

令改正，通报批评；对直接负责的主管人员和其他直接责任人员依法给予处分：

（一）未履行动物疫病监测、检测职责或者伪造监测、检测结果的；

（二）发生动物疫情时未及时进行诊断、调查的；

（三）其他未依照本条例规定履行职责的行为。

第十章　附　则

第七十一条　本条例中下列用语的含义：

（一）"动物保定"，是指应用人力、器械或者药物来控制动物的活动，以便于采样、诊断、治疗、免疫等。

（二）"生物安全隔离区"，是指处于同一生物安全管理体系中，包含一种或者多种规定动物疫病卫生状况清楚的特定动物群体，并对规定动物疫病采取了必要的监测、控制和生物安全措施的一个或者多个动物养殖、屠宰加工等生产单元。

（三）"无规定动物疫病区"，是指在规定期限内，没有发生过某种或者几种动物疫病，同时在该区域及其边界和外围一定范围内，对动物和动物产品、动物源性饲料、动物遗传材料、动物病料、兽药（包括生物制品）的流通实施官方有效控制并获得国家认可的特定地域。

（四）"官方兽医"，是指具备规定的资格条件并经兽医主管部门任命的，负责出具检疫等证明的国家兽医工作人员。

（五）"执业兽医"，是指具备兽医相关技能，依照国家相关规定取得兽医执业资格，依法从事动物诊疗和动物保健等经营活动的兽医。

（六）"乡村兽医"，是指尚未取得执业兽医资格，经登记在乡村从事动物诊疗服务活动的人员。

（七）"动物应激死亡"，是指动物在外界环境突发改变情况下，受刺激而死亡的现象，如免疫注射疫苗引起的动物应激反应死亡。

第七十二条　本条例自 2014 年 12 月 1 日起施行。2002 年 9 月 27 日内蒙古自治区第九届人民代表大会常务委员会第三十二次会议通过的《内蒙古自治区动物防疫条例》同时废止。

小反刍兽疫防治技术规范

小反刍兽疫（Peste des Petits Ruminants，PPR，也称羊瘟）是由副黏病毒科麻疹病毒属小反刍兽疫病毒（PPRV）引起的，以发热、口炎、腹泻、肺炎为特征的急性接触性传染病，山羊和绵羊易感，山羊发病率和病死率均较高。世界动物卫生组织（OIE）将其列为法定报告动物疫病，我国将其列为一类动物疫病。

2007 年 7 月，小反刍兽疫首次传入我国。为及时、有效地预防、控制和扑灭小反刍兽疫，依据《中华人民共和国动物防疫法》、《重大动物疫情应急条例》、《国家突发重大动物疫情应急预案》和《国家小反刍兽疫应急预案》及有关规定，制定本规范。

1 适用范围

本规范规定了小反刍兽疫的诊断报告、疫情监测、预防控制和应急处置等技术要求。

本规范适用于中华人民共和国境内的小反刍兽疫防治活动。

2 诊　断

依据本病流行病学特点、临床症状、病理变化可作出疑似诊断，确诊需做病原学和血清学检测。

2.1 流行病学特点

2.1.1 山羊和绵羊是本病唯一的自然宿主，山羊比绵羊更易感，且临床症状比绵羊更为严重。山羊不同品种的易感性有差异。

2.1.2 牛多呈亚临床感染，并能产生抗体。猪表现为亚临床感染，无症状，不排毒。

2.1.3 鹿、野山羊、长角大羚羊、东方盘羊、瞪羚羊、驼可感染发病。

该病主要通过直接或间接接触传播，感染途径以呼吸道为主。本病一年四季均可发生，但多雨季节和干燥寒冷季节多发。本病潜伏期一般为 4～6 天，也可达到 10 天，《国际动物卫生法典》规定潜伏期为 21 天。

2.2 临床症状

山羊临床症状比较典型，绵羊症状一般较轻微。

2.2.1 突然发热，第 2～3 天体温达 40～42℃高峰。发热持续 3 天左右，病羊死亡多集中在发热后期。

2.2.2 病初有水样鼻液，此后变成大量的黏脓性卡他样鼻液，阻塞鼻孔造成呼吸困难。鼻内膜发生坏死。眼流分泌物，遮住眼睑，出现眼结膜炎。

2.2.3 发热症状出现后，病羊口腔内膜轻度充血，继而出现糜烂。初期多在下齿龈周围出现小面积坏死，严重病例迅速扩展到齿垫、硬腭、颊和颊乳头以及舌，坏死组织脱落形成不规则的浅糜烂斑。部分病羊口腔病变温和，并可在 48 小时内愈合，这类病羊可很快康复。

2.2.4 多数病羊发生严重腹泻或下痢，造成迅速脱水和体重下降。怀孕母羊可发生流产。

2.2.5 易感羊群发病率通常达 60% 以上，病死率可达 50% 以上。

2.2.6 特急性病例发热后突然死亡，无其他症状，在剖检时可见支气管肺炎和回盲肠瓣充血。

2.3 病理变化

2.3.1 口腔和鼻腔黏膜糜烂坏死；

2.3.2 支气管肺炎，肺尖肺炎；

2.3.3 有时可见坏死性或出血性肠炎，盲肠、结肠近端和直肠出

现特征性条状充血、出血，呈斑马状条纹；

2.3.4 有时可见淋巴结特别是肠系膜淋巴结水肿，脾脏肿大并可出现坏死病变。

2.3.5 组织学上可见肺部组织出现多核巨细胞以及细胞内嗜酸性包含体。

2.4 实验室检测

检测活动必须在生物安全 3 级以上实验室进行。

2.4.1 病原学检测

2.4.1.1 病料可采用病羊口鼻棉拭子、淋巴结或血沉棕黄层；

2.4.1.2 可采用细胞培养法分离病毒，也可直接对病料进行检测；

2.4.1.3 病毒检测可采用反转录聚合酶链式反应（RT-PCR）结合核酸序列测定，亦可采用抗体夹心 ELISA。

2.4.2 血清学检测

2.4.2.1 采用小反刍兽疫单抗竞争 ELISA 检测法。

2.4.2.2 间接 ELISA 抗体检测法。

2.5 结果判定

2.5.1 疑似小反刍兽疫

山羊或绵羊出现急性发热、腹泻、口炎等症状，羊群发病率、病死率较高，传播迅速，且出现肺尖肺炎病理变化时，可判定为疑似小反刍兽疫。

2.5.2 确诊小反刍兽疫

符合结果判定 2.5.1，且血清学或病原学检测阳性，可判定为确诊小反刍兽疫。

3 疫情报告

3.1 任何单位和个人发现以发热、口炎、腹泻为特征，发病率、病死率较高的山羊或绵羊疫情时，应立即向当地动物疫病预防控制机构报告。

3.2 县级动物疫病预防控制机构接到报告后，应立即赶赴现场诊断，认定为疑似小反刍兽疫疫情的，应在 2 小时内将疫情逐级报省级动物疫病预防控制机构，并同时报所在地人民政府兽医行政管理部门。

3.3 省级动物疫病预防控制机构接到报告后 1 小时内，向省级兽医行政管理部门和中国动物疫病预防控制中心报告。

3.4 省级兽医行政管理部门应当在接到报告后 1 小时内报省级人民政府和国务院兽医行政管理部门。

3.5 国务院兽医行政管理部门根据最终确诊结果，确认小反刍兽疫疫情。

3.6 疫情确认后，当地兽医行政管理部门应建立疫情日报告制度，直至解除封锁。

3.7 疫情报告内容包括：疫情发生时间、地点，易感动物、发病动物、死亡动物和扑杀、销毁动物的种类和数量，病死动物临床症状、病理变化、诊断情况，流行病学调查和疫源追踪情况，已采取的控制措施等内容。

3.8 已经确认的疫情，当地兽医行政行政管理部门要认真组织填写《动物疫病流行病学调查表》，并报中国动物卫生与流行病学中心调查分析室。

4 疫情处置

4.1 疑似疫情的应急处置

4.1.1　对发病场（户）实施隔离、监控，禁止家畜、畜产品、饲料及有关物品移动，并对其内、外环境进行严格消毒。必要时，采取封锁、扑杀等措施。

4.1.2　疫情溯源。对疫情发生前 30 天内，所有引入疫点的易感动物、相关产品来源及运输工具进行追溯性调查，分析疫情来源。必要时，对原产地羊群或接触羊群（风险羊群）进行隔离观察，对羊乳和乳制品进行消毒处理。

4.1.3　疫情跟踪。对疫情发生前 21 天内以及采取隔离措施前，从疫点输出的易感动物、相关产品、运输车辆及密切接触人员的去向进行跟踪调查，分析疫情扩散风险。必要时，对风险羊群进行隔离观察，对羊乳和乳制品进行消毒处理。

4.2　确诊疫情的应急处置

按照"早、快、严"的原则，坚决扑杀、彻底消毒，严格封锁、防止扩散。

4.2.1　划定疫点、疫区和受威胁区

4.2.1.1　疫点。相对独立的规模化养殖场（户），以病死畜所在的场（户）为疫点；散养畜以病死畜所在的自然村为疫点；放牧畜以病死畜所在牧场及其活动场地为疫点；家畜在运输过程中发生疫情的，以运载病畜的车、船、飞机等为疫点；在市场发生疫情的，以病死畜所在市场为疫点；在屠宰加工过程中发生疫情的，以屠宰加工厂（场）为疫点。

4.2.1.2　疫区。由疫点边缘向外延伸 3 千米范围的区域划定为疫区。

4.2.1.3　受威胁区。由疫区边缘向外延伸 10 千米的区域划定为受威胁区。划定疫区、受威胁区时，应根据当地天然屏障（如河流、

山脉等）、人工屏障（道路、围栏等）、野生动物栖息地存在情况，以及疫情溯源及跟踪调查结果，适当调整范围。

4.2.2 封 锁

疫情发生地所在地县级以上兽医行政管理部门报请同级人民政府对疫区实行封锁，跨行政区域发生疫情的，由共同上级兽医行政管理部门报请同级人民政府对疫区发布封锁令。

4.2.3 疫点内应采取的措施

4.2.3.1 扑杀疫点内的所有山羊和绵羊，并对所有病死羊、被扑杀羊及羊鲜乳、羊肉等产品按国家规定标准进行无害化处理，具体可参照《口蹄疫扑杀技术规范》和《口蹄疫无害化处理技术规范》执行；

4.2.3.2 对排泄物、被污染或可能污染饲料和垫料、污水等按规定进行无害化处理，具体可参照《口蹄疫无害化处理技术规范》执行；

4.2.3.3 羊毛、羊皮按（附件1，本书略）规定方式进行处理，经检疫合格，封锁解除后方可运出；

4.2.3.4 被污染的物品、交通工具、用具、禽舍、场地进行严格彻底消毒（见附件1，本书略）；

4.2.3.5 出入人员、车辆和相关设施要按规定进行消毒（见附件1，本书略）；

4.2.3.6 禁止羊、牛等反刍动物出入。

4.2.4 疫区内应采取的措施

4.2.4.1 在疫区周围设立警示标志，在出入疫区的交通路口设置动物检疫消毒站，对出入的人员和车辆进行消毒；必要时，经省级人民政府批准，可设立临时动物卫生监督检查站，执行监督检查

任务。

4.2.4.2 禁止羊、牛等反刍动物出入；

4.2.4.3 关闭羊、牛交易市场和屠宰场，停止活羊、牛展销活动；

4.2.4.4 羊毛、羊皮、羊乳等产品按（附件1，本书略）规定方式进行处理，经检疫合格后方可运出；

4.2.4.5 对易感动物进行疫情监测，对羊舍、用具及场地消毒；

4.2.4.6 必要时，对羊进行免疫。

4.2.5 受威胁区应采取的措施；

4.2.5.1 加强检疫监管，禁止活羊调入、调出，反刍动物产品调运必须进行严格检疫；

4.2.5.2 加强对羊饲养场、屠宰场、交易市场的监测，及时掌握疫情动态。

4.2.5.3 必要时，对羊群进行免疫，建立免疫隔离带。

4.2.6 野生动物控制

加强疫区、受威胁区及周边地区野生易感动物分布状况调查和发病情况监测，并采取措施，避免野生羊、鹿等与人工饲养的羊群接触。当地兽医行政管理部门与林业部门应定期进行通报有关信息。

4.2.7 解除封锁

疫点内最后一只羊死亡或扑杀，并按规定进行消毒和无害化处理后至少21天，疫区、受威胁区经监测没有新发病例时，经当地动物疫病预防控制机构审验合格，由兽医行政管理部门向原发布封锁令的人民政府申请解除封锁，由该人民政府发布解除封锁令。

4.2.8 处理记录

各级人民政府兽医行政管理部门必须完整详细地记录疫情应急处理过程。

4.2.9 非疫区应采取的措施

4.2.9.1 加强检疫监管，禁止从疫区调入活羊及其产品；

4.2.9.2 做好疫情防控知识宣传，提高养殖户防控意识；

4.2.9.3 加强疫情监测，及时掌握疫情发生风险，做好防疫的各项工作，防止疫情发生。

5 预防措施

5.1 饲养管理

5.1.1 易感动物饲养、生产、经营等场所必须符合《动物防疫条件审核管理办法》规定的动物防疫条件，并加强种羊调运检疫管理。

5.1.2 羊群应避免与野羊群接触。

5.1.3 各饲养场、屠宰厂（场）、交易市场、动物防疫监督检查站等要建立并实施严格的卫生消毒制度（附件1，本书略）。

5.2 监测报告

县级以上动物疫病预防控制机构应当加强小反刍兽疫监测工作。发现以发热、口炎、腹泻为特征，发病率、病死率较高的山羊和绵羊疫情时，应立即向当地动物疫病预防控制机构报告。

5.3 免 疫

必要时，经国家兽医行政管理部门批准，可以采取免疫措施：

5.3.1 与有疫情国家相邻的边境县，定期对羊群进行强制免疫，建立免疫带；

5.3.2 发生过疫情的地区及受威胁地区，定期对风险羊群进行免疫接种。

5.4 检 疫

5.4.1 产地检疫

羊在离开饲养地之前，养殖场（户）必须向当地动物卫生监督

机构报检。动物卫生监督机构接到报检后必须及时派员到场（户）实施检疫。检疫合格后，出具合格证明；对运载工具进行消毒，出具消毒证明，对检疫不合格的按照有关规定处理。

5.4.2　屠宰检疫

动物卫生监督机构的检疫人员对羊进行验证查物，合格后方可入厂（场）屠宰。检疫合格并加盖（封）检疫标志后方可出厂（场），不合格的按有关规定处理。

5.4.3　运输检疫

国内跨省调运山羊、绵羊时，应当先到调入地动物卫生监督机构办理检疫审批手续，经调出地按规定检疫合格，方可调运。

种羊调运时还需在到达后隔离饲养 10 天以上，由当地动物卫生监督机构检疫合格后方可投入使用。

5.5　边境防控

与疫情国相邻的边境区域，应当加强对羊只的管理，防止疫情传入：

5.5.1　禁止过境放牧、过境寄养，以及活羊及其产品的互市交易；

5.5.2　必要时，经国务院兽医行政管理部门批准，建立免疫隔离带；

5.5.3　加强对边境地区的疫情监视和监测，及时分析疫情动态。

高致病性禽流感防治技术规范

高致病性禽流感（Highly Pathogenic Avian Influenza，HPAI）是由正黏病毒科流感病毒属 A 型流感病毒引起的以禽类为主的烈性传染病。世界动物卫生组织（OIE）将其列为必须报告的动物传染病，我国将其列为一类动物疫病。

为预防、控制和扑灭高致病性禽流感，依据《中华人民共和国动物防疫法》、《重大动物疫情应急条例》、《国家突发重大动物疫情应急预案》及有关的法律法规制定本规范。

1 适用范围

本规范规定了高致病性禽流感的疫情确认、疫情处置、疫情监测、免疫、检疫监督的操作程序、技术标准及保障措施。

本规范适用于中华人民共和国境内一切与高致病性禽流感防治活动有关的单位和个人。

2 诊　断

2.1 流行病学特点

2.1.1 鸡、火鸡、鸭、鹅、鹌鹑、雉鸡、鹧鸪、鸵鸟、孔雀等多种禽类易感，多种野鸟也可感染发病。

2.1.2 传染源主要为病禽（野鸟）和带毒禽（野鸟）。病毒可长期在污染的粪便、水等环境中存活。

2.1.3 病毒传播主要通过接触感染禽（野鸟）及其分泌物和排泄物、污染的饲料、水、蛋托（箱）、垫草、种蛋、鸡胚和精液等媒介，经呼吸道、消化道感染，也可通过气源性媒介传播。

2.2 临床症状

2.2.1 急性发病死亡或不明原因死亡，潜伏期从几小时到数天，

最长可达 21 天；

2.2.2 脚鳞出血；

2.2.3 鸡冠出血或发绀、头部和面部水肿；

2.2.4 鸭、鹅等水禽可见神经和腹泻症状，有时可见角膜炎症，甚至失明；

2.2.5 产蛋突然下降。

2.3　病理变化

2.3.1 消化道、呼吸道黏膜广泛充血、出血；腺胃粘液增多，可见腺胃乳头出血，腺胃和肌胃之间交界处粘膜可见带状出血；

2.3.2 心冠及腹部脂肪出血；

2.3.3 输卵管的中部可见乳白色分泌物或凝块；卵泡充血、出血、萎缩、破裂，有的可见"卵黄性腹膜炎"；

2.3.4 脑部出现坏死灶、血管周围淋巴细胞管套、神经胶质灶、血管增生等病变；胰腺和心肌组织局灶性坏死。

2.4　血清学指标

2.4.1 未免疫禽 H5 或 H7 的血凝抑制（HI）效价达到 2^4 及以上（附件 1，本书略）；

2.4.2 禽流感琼脂免疫扩散试验（AGID）阳性（附件 2，本书略）。

2.5　病原学指标

2.5.1 反转录—聚合酶链反应（RT-PCR）检测，结果 H5 或 H7 亚型禽流感阳性（附件 4，本书略）；

2.5.2 通用荧光反转录—聚合酶链反应（荧光 RT-PCR）检测阳性（附件 6，本书略）；

2.5.3 神经氨酸酶抑制（NI）试验阳性（附件 3，本书略）；

2.5.4 静脉内接种致病指数（IVPI）大于 1.2 或用 0.2 mL 1:10 稀释的无菌感染流感病毒的鸡胚尿囊液，经静脉注射接种 8 只 4 ～ 8 周龄的易感鸡，在接种后 10 天内，能致 6 ～ 7 只或 8 只鸡死亡，即死亡率≥ 75%；

2.5.5 对血凝素基因裂解位点的氨基酸序列测定结果与高致病性禽流感分离株基因序列相符（由国家参考实验室提供方法）。

2.6 结果判定

2.6.1 临床怀疑病例

符合流行病学特点和临床指标 2.2.1，且至少符合其他临床指标或病理指标之一的；

非免疫禽符合流行病学特点和临床指标 2.2.1 且符合血清学指标之一的。

2.6.2 疑似病例

临床怀疑病例且符合病原学指标 2.5.1、2.5.2、2.5.3 之一。

2.6.3 确诊病例

疑似病例且符合病原学指标 2.5.4 或 2.5.5。

3 疫情报告

3.1 任何单位和个人发现禽类发病急、传播迅速、死亡率高等异常情况，应及时向当地动物防疫监督机构报告。

3.2 当地动物防疫监督机构在接到疫情报告或了解可疑疫情情况后，应立即派员到现场进行初步调查核实并采集样品，符合 2.6.1 规定的，确认为临床怀疑疫情；

3.3 确认为临床怀疑疫情的，应在 2 个小时内将情况逐级报到省级动物防疫监督机构和同级兽医行政管理部门，并立即将样品送省级动物防疫监督机构进行疑似诊断；

3.4　省级动物防疫监督机构确认为疑似疫情的，必须派专人将病料送国家禽流感参考实验室做病毒分离与鉴定，进行最终确诊；经确认后，应立即上报同级人民政府和国务院兽医行政管理部门，国务院兽医行政管理部门应当在 4 个小时内向国务院报告；

3.5　国务院兽医行政管理部门根据最终确诊结果，确认高致病性禽流感疫情。

4　疫情处置

4.1　临床怀疑疫情的处置

对发病场（户）实施隔离、监控，禁止禽类、禽类产品及有关物品移动，并对其内、外环境实施严格的消毒措施（附件 8，本书略）。

4.2　疑似疫情的处置

当确认为疑似疫情时，扑杀疑似禽群，对扑杀禽、病死禽及其产品进行无害化处理，对其内、外环境实施严格的消毒措施，对污染物或可疑污染物进行无害化处理，对污染的场所和设施进行彻底消毒，限制发病场（户）周边 3 千米的家禽及其产品移动（见附件 9、10，本书略）。

4.3　确诊疫情的处置

疫情确诊后立即启动相应级别的应急预案。

4.3.1　划定疫点、疫区、受威胁区

由所在地县级以上兽医行政管理部门划定疫点、疫区、受威胁区。

疫点：指患病动物所在的地点。一般是指患病禽类所在的禽场（户）或其他有关屠宰、经营单位；如为农村散养，应将自然村划为疫点。

疫区：由疫点边缘向外延伸 3 千米的区域划为疫区。疫区划分时，应注意考虑当地的饲养环境和天然屏障（如河流、山脉等）。

受威胁区：由疫区边缘向外延伸 5 千米的区域划为受威胁区。

4.3.2 封锁

由县级以上兽医主管部门报请同级人民政府决定对疫区实行封锁；人民政府在接到封锁报告后，应在 24 小时内发布封锁令，对疫区进行封锁：在疫区周围设置警示标志，在出入疫区的交通路口设置动物检疫消毒站，对出入的车辆和有关物品进行消毒。必要时，经省级人民政府批准，可设立临时监督检查站，执行对禽类的监督检查任务。

跨行政区域发生疫情的，由共同上一级兽医主管部门报请同级人民政府对疫区发布封锁令，对疫区进行封锁。

4.3.3 疫点内应采取的措施

4.3.3.1 扑杀所有的禽只，销毁所有病死禽、被扑杀禽及其禽类产品；

4.3.3.2 对禽类排泄物、被污染饲料、垫料、污水等进行无害化处理；

4.3.3.3 对被污染的物品、交通工具、用具、禽舍、场地进行彻底消毒。

4.3.4 疫区内应采取的措施

4.3.4.1 扑杀疫区内所有家禽，并进行无害化处理，同时销毁相应的禽类产品；

4.3.4.2 禁止禽类进出疫区及禽类产品运出疫区；

4.3.4.3 对禽类排泄物、被污染饲料、垫料、污水等按国家规定标准进行无害化处理；

4.3.4.4 对所有与禽类接触过的物品、交通工具、用具、禽舍、场地进行彻底消毒。

4.3.5 受威胁区内应采取的措施

4.3.5.1 对所有易感禽类进行紧急强制免疫，建立完整的免疫档案；

4.3.5.2 对所有禽类实行疫情监测，掌握疫情动态。

4.3.6 关闭疫点及周边 13 千米内所有家禽及其产品交易市场。

4.3.7 流行病学调查、疫源分析与追踪调查

追踪疫点内在发病期间及发病前 21 天内售出的所有家禽及其产品，并销毁处理。按照高致病性禽流感流行病学调查规范，对疫情进行溯源和扩散风险分析（附件 11，本书略）。

4.3.8 解除封锁

4.3.8.1 解除封锁的条件

疫点、疫区内所有禽类及其产品按规定处理完毕 21 天以上，监测未出现新的传染源；在当地动物防疫监督机构的监督指导下，完成相关场所和物品终末消毒；受威胁区按规定完成免疫。

4.3.8.2 解除封锁的程序

经上一级动物防疫监督机构审验合格，由当地兽医主管部门向原发布封锁令的人民政府申请发布解除封锁令，取消所采取的疫情处置措施。

4.3.8.3 疫区解除封锁后，要继续对该区域进行疫情监测，6 个月后如未发现新病例，即可宣布该次疫情被扑灭。疫情宣布扑灭后方可重新养禽。

4.3.9 对处理疫情的全过程必须做好完整详实的记录，并归档。

5 疫情监测

5.1 监测方法包括临床观察、实验室检测及流行病学调查。

5.2 监测对象以易感禽类为主，必要时监测其他动物。

5.3 监测的范围

5.3.1 对养禽场户每年要进行两次病原学抽样检测，散养禽不定期抽检，对于未经免疫的禽类以血清学检测为主；

5.3.2 对交易市场、禽类屠宰厂（场）、异地调入的活禽和禽产品进行不定期的病原学和血清学监测。

5.3.3 对疫区和受威胁区的监测

5.3.3.1 对疫区、受威胁区的易感动物每天进行临床观察，连续1个月，病死禽送省级动物防疫监督机构实验室进行诊断，疑似样品送国家禽流感参考实验室进行病毒分离和鉴定。

解除封锁前采样检测1次，解除封锁后纳入正常监测范围；

5.3.3.2 对疫区养猪场采集鼻腔拭子，疫区和受威胁区所有禽群采集气管拭子和泄殖腔拭子，在野生禽类活动或栖息地采集新鲜粪便或水样，每个采样点采集20份样品，用RT-PCR方法进行病原检测，发现疑似感染样品，送国家禽流感参考实验室确诊。

5.4 在监测过程中，国家规定的实验室要对分离到的毒株进行生物学和分子生物学特性分析与评价，密切注意病毒的变异动态，及时向国务院兽医行政管理部门报告。

5.5 各级动物防疫监督机构对监测结果及相关信息进行风险分析，做好预警预报。

5.6 监测结果处理

监测结果逐级汇总上报至中国动物疫病预防控制中心。发现病原学和非免疫血清学阳性禽，要按照《国家动物疫情报告管理办法》

的有关规定立即报告，并将样品送国家禽流感参考实验室进行确诊，确诊阳性的，按有关规定处理。

6　免　疫

6.1　国家对高致病性禽流感实行强制免疫制度，免疫密度必须达到100%，抗体合格率达到70%以上。

6.2　预防性免疫，按农业部制定的免疫方案中规定的程序进行。

6.3　突发疫情时的紧急免疫，按本规范有关条款进行。

6.4　所用疫苗必须采用农业部批准使用的产品，并由动物防疫监督机构统一组织、逐级供应。

6.5　所有易感禽类饲养者必须按国家制定的免疫程序做好免疫接种，当地动物防疫监督机构负责监督指导。

6.6　定期对免疫禽群进行免疫水平监测，根据群体抗体水平及时加强免疫。

7　检疫监督

7.1　产地检疫

饲养者在禽群及禽类产品离开产地前，必须向当地动物防疫监督机构报检，接到报检后，必须及时到户、到场实施检疫。检疫合格的，出具检疫合格证明，并对运载工具进行消毒，出具消毒证明，对检疫不合格的按有关规定处理。

7.2　屠宰检疫

动物防疫监督机构的检疫人员对屠宰的禽只进行验证查物，合格后方可入厂（场）屠宰。宰后检疫合格的方可出厂，不合格的按有关规定处理。

7.3　引种检疫

国内异地引入种禽、种蛋时，应当先到当地动物防疫监督机构

办理检疫审批手续且检疫合格。引入的种禽必须隔离饲养 21 天以上，并由动物防疫监督机构进行检测，合格后方可混群饲养。

7.4 监督管理

7.4.1 禽类和禽类产品凭检疫合格证运输、上市销售。动物防疫监督机构应加强流通环节的监督检查，严防疫情传播扩散。

7.4.2 生产、经营禽类及其产品的场所必须符合动物防疫条件，并取得动物防疫合格证。

7.4.3 各地根据防控高致病性禽流感的需要设立公路动物防疫监督检查站，对禽类及其产品进行监督检查，对运输工具进行消毒。

8 保障措施

8.1 各级政府应加强机构队伍建设，确保各项防治技术落实到位。

8.2 各级财政和发改部门应加强基础设施建设，确保免疫、监测、诊断、扑杀、无害化处理、消毒等防治工作经费落实。

8.3 各级兽医行政部门动物防疫监督机构应按本技术规范，加强应急物资储备，及时演练和培训应急队伍。

8.4 在高致病禽流感防控中，人员的防护按《高致病性禽流感人员防护技术规范》执行（附件 12，本书略）。

口蹄疫防治技术规范

口蹄疫（Foot and Mouth Disease，FMD）是由口蹄疫病毒引起的以偶蹄动物为主的急性、热性、高度传染性疫病，世界动物卫生组织（OIE）将其列为必须报告的动物传染病，我国规定为一类动物疫病。

为预防、控制和扑灭口蹄疫，依据《中华人民共和国动物防疫法》、《重大动物疫情应急条例》、《国家突发重大动物疫情应急预案》等法律法规，制定本技术规范。

1 适用范围

本规范规定了口蹄疫疫情确认、疫情处置、疫情监测、免疫、检疫监督的操作程序、技术标准及保障措施。

本规范适用于中华人民共和国境内一切与口蹄疫防治活动有关的单位和个人。

2 诊　断

2.1 诊断指标

2.1.1 流行病学特点

2.1.1.1 偶蹄动物，包括牛科动物（牛、瘤牛、水牛、牦牛）、绵羊、山羊、猪及所有野生反刍和猪科动物均易感，驼科动物（骆驼、单峰骆驼、美洲驼、美洲骆马）易感性较低。

2.1.1.2 传染源主要为潜伏期感染及临床发病动物。感染动物呼出物、唾液、粪便、尿液、乳、精液及肉和副产品均可带毒。康复期动物可带毒。

2.1.1.3 易感动物可通过呼吸道、消化道、生殖道和伤口感染病毒，通常以直接或间接接触（飞沫等）方式传播，或通过人或犬、蝇、蜱、鸟等动物媒介，或经车辆、器具等被污染物传播。如果环

境气候适宜，病毒可随风远距离传播。

2.1.2 临床症状

2.1.2.1 牛呆立流涎，猪卧地不起，羊跛行；

2.1.2.2 唇部、舌面、齿龈、鼻镜、蹄踵、蹄叉、乳房等部位出现水泡；

2.1.2.3 发病后期，水泡破溃、结痂，严重者蹄壳脱落，恢复期可见瘢痕、新生蹄甲；

2.1.2.4 传播速度快，发病率高；成年动物死亡率低，幼畜常突然死亡且死亡率高，仔猪常成窝死亡。

2.1.3 病理变化

2.1.3.1 消化道可见水泡、溃疡；

2.1.3.2 幼畜可见骨骼肌、心肌表面出现灰白色条纹，形色酷似虎斑。

2.1.4 病原学检测

2.1.4.1 间接夹心酶联免疫吸附试验，检测阳性（ELISA OIE 标准方法附件 1，本书略）；

2.1.4.2 RT-PCR 试验，检测阳性（采用国家确认的方法）；

2.1.4.3 反向间接血凝试验（RIHA），检测阳性（附件 2，本书略）；

2.1.4.4 病毒分离，鉴定阳性。

2.1.5 血清学检测

2.1.5.1 中和试验，抗体阳性；

2.1.5.2 液相阻断酶联免疫吸附试验，抗体阳性；

2.1.5.3 非结构蛋白 ELISA 检测感染抗体阳性；

2.1.5.4 正向间接血凝试验（IHA），抗体阳性（附件 3，本书略）。

2.2 结果判定

2.2.1 疑似口蹄疫病例

符合该病的流行病学特点和临床诊断或病理诊断指标之一，即可定为疑似口蹄疫病例。

2.2.2 确诊口蹄疫病例

疑似口蹄疫病例，病原学检测方法任何一项阳性，可判定为确诊口蹄疫病例；

疑似口蹄疫病例，在不能获得病原学检测样本的情况下，未免疫家畜血清抗体检测阳性或免疫家畜非结构蛋白抗体 ELISA 检测阳性，可判定为确诊口蹄疫病例。

2.3 疫情报告

任何单位和个人发现家畜上述临床异常情况的，应及时向当地动物防疫监督机构报告。动物防疫监督机构应立即按照有关规定赴现场进行核实。

2.3.1 疑似疫情的报告

县级动物防疫监督机构接到报告后，立即派出 2 名以上具有相关资格的防疫人员到现场进行临床和病理诊断。确认为疑似口蹄疫疫情的，应在 2 小时内报告同级兽医行政管理部门，并逐级上报至省级动物防疫监督机构。省级动物防疫监督机构在接到报告后，1 小时内向省级兽医行政管理部门和国家动物防疫监督机构报告。

诊断为疑似口蹄疫病例时，采集病料（附件 4，本书略），并将病料送省级动物防疫监督机构，必要时送国家口蹄疫参考实验室。

2.3.2 确诊疫情的报告

省级动物防疫监督机构确诊为口蹄疫疫情时，应立即报告省级兽医行政管理部门和国家动物防疫监督机构；省级兽医管理部门在 1 小时内报省级人民政府和国务院兽医行政管理部门。

国家参考实验室确诊为口蹄疫疫情时，应立即通知疫情发生地省级动物防疫监督机构和兽医行政管理部门，同时报国家动物防疫监督机构和国务院兽医行政管理部门。

省级动物防疫监督机构诊断新血清型口蹄疫疫情时，将样本送至国家口蹄疫参考实验室。

2.4 疫情确认

国务院兽医行政管理部门根据省级动物防疫监督机构或国家口蹄疫参考实验室确诊结果，确认口蹄疫疫情。

3 疫情处置

3.1 疫点、疫区、受威胁区的划分

3.1.1 疫点为发病畜所在的地点。相对独立的规模化养殖场/户，以病畜所在的养殖场/户为疫点；散养畜以病畜所在的自然村为疫点；放牧畜以病畜所在的牧场及其活动场地为疫点；病畜在运输过程中发生疫情，以运载病畜的车、船、飞机等为疫点；在市场发生疫情，以病畜所在市场为疫点；在屠宰加工过程中发生疫情，以屠宰加工厂（场）为疫点。

3.1.2 疫区 由疫点边缘向外延伸 3 千米内的区域。

3.1.3 受威胁区 由疫区边缘向外延伸 10 千米的区域。

在疫区、受威胁区划分时，应考虑所在地的饲养环境和天然屏障（河流、山脉等）。

3.2 疑似疫情的处置

对疫点实施隔离、监控，禁止家畜、畜产品及有关物品移动，并对其内、外环境实施严格的消毒措施。

必要时采取封锁、扑杀等措施。

3.3 确诊疫情处置

疫情确诊后，立即启动相应级别的应急预案。

3.3.1 封　锁

疫情发生所在地县级以上兽医行政管理部门报请同级人民政府对疫区实行封锁，人民政府在接到报告后，应在 24 小时内发布封锁令。

跨行政区域发生疫情的，由共同上级兽医行政管理部门报请同级人民政府对疫区发布封锁令。

3.3.2 对疫点采取的措施

3.3.2.1 扑杀疫点内所有病畜及同群易感畜，并对病死畜、被扑杀畜及其产品进行无害化处理（附件 5，本书略）；

3.3.2.2 对排泄物、被污染饲料、垫料、污水等进行无害化处理（附件 6，本书略）；

3.3.2.3 对被污染或可疑污染的物品、交通工具、用具、畜舍、场地进行严格彻底消毒（附件 7，本书略）；

3.3.2.4 对发病前 14 天售出的家畜及其产品进行追踪，并做扑杀和无害化处理。

3.3.3 对疫区采取的措施

3.3.3.1 在疫区周围设置警示标志，在出入疫区的交通路口设置动物检疫消毒站，执行监督检查任务，对出入的车辆和有关物品进行消毒；

3.3.3.2 所有易感畜进行紧急强制免疫，建立完整的免疫档案；

3.3.3.3 关闭家畜产品交易市场，禁止活畜进出疫区及产品运出疫区；

3.3.3.4 对交通工具、畜舍及用具、场地进行彻底消毒；

3.3.3.5 对易感家畜进行疫情监测，及时掌握疫情动态；

3.3.3.6 必要时，可对疫区内所有易感动物进行扑杀和无害化处理。

3.3.4 对受威胁区采取的措施

3.3.4.1 最后一次免疫超过一个月的所有易感畜，进行一次紧急强化免疫；

3.3.4.2 加强疫情监测，掌握疫情动态。

3.3.5 疫源分析与追踪调查

按照口蹄疫流行病学调查规范，对疫情进行追踪溯源、扩散风险分析（附件 8，本书略）。

3.3.6 解除封锁

3.3.6.1 封锁解除的条件

口蹄疫疫情解除的条件：疫点内最后 1 头病畜死亡或扑杀后连续观察至少 14 天，没有新发病例；疫区、受威胁区紧急免疫接种完成；疫点经终末消毒；疫情监测阴性。

新血清型口蹄疫疫情解除的条件：疫点内最后 1 头病畜死亡或扑杀后连续观察至少 14 天没有新发病例；疫区、受威胁区紧急免疫接种完成；疫点经终末消毒；对疫区和受威胁区的易感动物进行疫情监测，结果为阴性。

3.3.6.2 解除封锁的程序：动物防疫监督机构按照上述条件审验合格后，由兽医行政管理部门向原发布封锁令的人民政府申请解除封锁，由该人民政府发布解除封锁令。

必要时由上级动物防疫监督机构组织验收。

4 疫情监测

4.1 监测主体：县级以上动物防疫监督机构。

4.2 监测方法：临床观察、实验室检测及流行病学调查。

4.3 监测对象：以牛、羊、猪为主，必要时对其他动物监测。

4.4　监测的范围

4.4.1　养殖场户、散养畜，交易市场、屠宰厂（场）、异地调入的活畜及产品。

4.4.2　对种畜场、边境、隔离场、近期发生疫情及疫情频发等高风险区域的家畜进行重点监测。

监测方案按照当年兽医行政管理部门工作安排执行。

4.5　疫区和受威胁区解除封锁后的监测　临床监测持续一年，反刍动物病原学检测连续 2 次，每次间隔 1 个月，必要时对重点区域加大监测的强度。

4.6　在监测过程中，对分离到的毒株进行生物学和分子生物学特性分析与评价，密切注意病毒的变异动态，及时向国务院兽医行政管理部门报告。

4.7　各级动物防疫监督机构对监测结果及相关信息进行风险分析，做好预警预报。

4.8　监测结果处理

监测结果逐级汇总上报至国家动物防疫监督机构，按照有关规定进行处理。

5　免　疫

5.1　国家对口蹄疫实行强制免疫，各级政府负责组织实施，当地动物防疫监督机构进行监督指导。免疫密度必须达到100%。

5.2　预防免疫，按农业部制定的免疫方案规定的程序进行。

5.3　突发疫情时的紧急免疫按本规范有关条款进行。

5.4　所用疫苗必须采用农业部批准使用的产品，并由动物防疫监督机构统一组织、逐级供应。

5.5　所有养殖场 / 户必须按科学合理的免疫程序做好免疫接种，

建立完整免疫档案（包括免疫登记表、免疫证、免疫标识等）。

5.6 各级动物防疫监督机构定期对免疫畜群进行免疫水平监测，根据群体抗体水平及时加强免疫。

6 检疫监督

6.1 产地检疫

猪、牛、羊等偶蹄动物在离开饲养地之前，养殖场 / 户必须向当地动物防疫监督机构报检，接到报检后，动物防疫监督机构必须及时到场、到户实施检疫。检查合格后，收回动物免疫证，出具检疫合格证明；对运载工具进行消毒，出具消毒证明，对检疫不合格的按照有关规定处理。

6.2 屠宰检疫

动物防疫监督机构的检疫人员对猪、牛、羊等偶蹄动物进行验证查物，证物相符检疫合格后方可入厂（场）屠宰。宰后检疫合格，出具检疫合格证明。对检疫不合格的按照有关规定处理。

6.3 种畜、非屠宰畜异地调运检疫

国内跨省调运包括种畜、乳用畜、非屠宰畜时，应当先到调入地省级动物防疫监督机构办理检疫审批手续，经调出地按规定检疫合格，方可调运。起运前两周，进行一次口蹄疫强化免疫，到达后须隔离饲养 14 天以上，由动物防疫监督机构检疫检验合格后方可进场饲养。

6.4 监督管理

6.4.1 动物防疫监督机构应加强流通环节的监督检查，严防疫情扩散。猪、牛、羊等偶蹄动物及产品凭检疫合格证（章）和动物标识运输、销售。

6.4.2 生产、经营动物及动物产品的场所，必须符合动物防疫条

件，取得动物防疫合格证，当地动物防疫监督机构应加强日常监督检查。

6.4.3　各地根据防控家畜口蹄疫的需要建立动物防疫监督检查站，对家畜及产品进行监督检查，对运输工具进行消毒。发现疫情，按照《动物防疫监督检查站口蹄疫疫情认定和处置办法》相关规定处置。

6.4.4　由新血清型引发疫情时，加大监管力度，严禁疫区所在县及疫区周围 50 千米范围内的家畜及产品流动。在与新发疫情省份接壤的路口设置动物防疫监督检查站、卡实行 24 小时值班检查；对来自疫区运输工具进行彻底消毒，对非法运输的家畜及产品进行无害化处理。

6.4.5　任何单位和个人不得随意处置及转运、屠宰、加工、经营、食用口蹄疫病（死）畜及产品；未经动物防疫监督机构允许，不得随意采样；不得在未经国家确认的实验室剖检分离、鉴定、保存病毒。

7　保障措施

7.1　各级政府应加强机构、队伍建设，确保各项防治技术落实到位。

7.2　各级财政和发改部门应加强基础设施建设，确保免疫、监测、诊断、扑杀、无害化处理、消毒等防治技术工作经费落实。

7.3　各级兽医行政部门动物防疫监督机构应按本技术规范，加强应急物资储备，及时培训和演练应急队伍。

7.4　发生口蹄疫疫情时，在封锁、采样、诊断、流行病学调查、无害化处理等过程中，要采取有效措施做好个人防护和消毒工作，防止人为扩散。

布鲁氏菌病防治技术规范

布鲁氏菌病（Brucellosis，也称布氏杆菌病，以下简称布病）是由布鲁氏菌属细菌引起的人兽共患的常见传染病。我国将其列为二类动物疫病。

为了预防、控制和净化布病，依据《中华人民共和国动物防疫法》及有关的法律法规，制定本规范。

1 适用范围

本规范规定了动物布病的诊断、疫情报告、疫情处理、防治措施、控制和净化标准。

本规范适用于中华人民共和国境内一切从事饲养、经营动物和生产、经营动物产品，以及从事动物防疫活动的单位和个人。

2 诊　断

2.1 流行特点

多种动物和人对布鲁氏菌易感。

布鲁氏菌属的 6 个种和主要易感动物

种	主要易感动物
羊种布鲁氏菌（*Brucella melitensis*）	羊、牛
牛种布鲁氏菌（*Brucella abortus*）	牛、羊
猪种布鲁氏菌（*Brucella suis*）	猪
绵羊附睾种布鲁氏菌（*Brucella ovis*）	绵羊
犬种布鲁氏菌（*Brucella canis*）	犬
沙林鼠种布鲁氏菌（*Brucella neotomae*）	沙林鼠

布鲁氏菌是一种细胞内寄生的病原菌，主要侵害动物的淋巴系统和生殖系统。病畜主要通过流产物、精液和乳汁排菌，污染环境。

羊、牛、猪的易感性最强。母畜比公畜，成年畜比幼年畜发病多。在母畜中，第一次妊娠母畜发病较多。带菌动物，尤其是病畜的流产胎儿、胎衣是主要传染源。消化道、呼吸道、生殖道是主要的感染途径，也可通过损伤的皮肤、黏膜等感染。常呈地方性流行。

人主要通过皮肤、黏膜、消化道和呼吸道感染，尤其以感染羊种布鲁氏菌、牛种布鲁氏菌最为严重。猪种布鲁氏菌感染人较少见，犬种布鲁氏菌感染人罕见，绵羊附睾种布鲁氏菌、沙林鼠种布鲁氏菌基本不感染人。

2.2 临床症状

潜伏期一般为 14 ～ 180 天。

最显著症状是怀孕母畜发生流产，流产后可能发生胎衣滞留和子宫内膜炎，从阴道流出污秽不洁、恶臭的分泌物。新发病的畜群流产较多；老疫区畜群发生流产的较少，但发生子宫内膜炎、乳房炎、关节炎、胎衣滞留、久配不孕的较多。公畜往往发生睾丸炎、附睾炎或关节炎。

2.3 病理变化

主要病变为生殖器官的炎性坏死，脾、淋巴结、肝、肾等器官形成特征性肉芽肿（布病结节）。有的可见关节炎。胎儿主要呈败血症病变，浆膜和黏膜有出血点和出血斑，皮下结缔组织发生浆液性、出血性炎症。

2.4 实验室诊断

2.4.1 病原学诊断

2.4.1.1 显微镜检查

采集流产胎衣、绒毛膜水肿液、肝、脾、淋巴结、胎儿胃内容物等组织，制成抹片，用柯兹罗夫斯基染色法染色，镜检，布鲁氏菌为红色球杆状小杆菌，而其他菌为蓝色。

2.4.1.2 分离培养

新鲜病料可用胰蛋白际 琼脂面或血液琼脂斜面、肝汤琼脂斜面、3% 甘油 0.5% 葡萄糖肝汤琼脂斜面等培养基培养；若为陈旧病料或污染病料，可用选择性培养基培养。培养时，一份在普通条件下，另一份放于含有 5%～10% 二氧化碳的环境中，37℃培养 7～10 天。然后进行菌落特征检查和单价特异性抗血清凝集试验。为使防治措施有更好的针对性，还需做种型鉴定。

如病料被污染或含菌极少时，可将病料用生理盐水稀释 5～10 倍，健康豚鼠腹腔内注射 0.1～0.3 mL/ 只。如果病料腐败时，可接种于豚鼠的股内侧皮下。接种后 4～8 周，将豚鼠扑杀，从肝、脾分离培养布鲁氏菌。

2.4.2 血清学诊断

2.4.2.1 虎红平板凝集试验（RBPT）（见 GB/T 18646）

2.4.2.2 全乳环状试验（MRT）（见 GB/T 18646）

2.4.2.3 试管凝集试验（SAT）（见 GB/T 18646）

2.4.2.4 补体结合试验（CFT）（见 GB/T 18646）

2.5 结果判定

县级以上动物防疫监督机构负责布病诊断结果的判定。

2.5.1 具有 2.1、2.2 和 2.3 时，判定为疑似疫情。

2.5.2 符合 2.5.1，且 2.4.1.1 或 2.4.1.2 阳性时，判定为患病动物。

2.5.3 未免疫动物的结果判定如下：

2.5.3.1 2.4.2.1 或 2.4.2.2 阳性时，判定为疑似患病动物。

2.5.3.2 2.4.1.2 或 2.4.2.3 或 2.4.2.4 阳性时，判定为患病动物。

2.5.3.3 符合 2.5.3.1 但 2.4.2.3 或 2.4.2.4 阴性时，30 天后应重新采样检测，2.4.2.1 或 2.4.2.3 或 2.4.2.4 阳性的判定为患病动物。

3 疫情报告

3.1 任何单位和个人发现疑似疫情，应当及时向当地动物防疫监督机构报告。

3.2 动物防疫监督机构接到疫情报告并确认后，按《动物疫情报告管理办法》及有关规定及时上报。

4 疫情处理

4.1 发现疑似疫情，畜主应限制动物移动；对疑似患病动物应立即隔离。

4.2 动物防疫监督机构要及时派员到现场进行调查核实，开展实验室诊断。确诊后，当地人民政府组织有关部门按下列要求处理：

4.2.1 扑杀

对患病动物全部扑杀。

4.2.2 隔离

对受威胁的畜群（病畜的同群畜）实施隔离，可采用圈养和固定草场放牧两种方式隔离。

隔离饲养用草场，不要靠近交通要道，居民点或人畜密集的地区。场地周围最好有自然屏障或人工栅栏。

4.2.3 无害化处理

患病动物及其流产胎儿、胎衣、排泄物、乳、乳制品等按照 GB16548-1996《畜禽病害肉尸及其产品无害化处理规程》进行无害化处理。

4.2.4 流行病学调查及检测

开展流行病学调查和疫源追踪；对同群动物进行检测。

4.2.5 消 毒

对患病动物污染的场所、用具、物品严格进行消毒。

饲养场的金属设施、设备可采取火焰、熏蒸等方式消毒；养畜场的圈舍、场地、车辆等，可选用 2% 烧碱等有效消毒药消毒；饲养场的饲料、垫料等，可采取深埋发酵处理或焚烧处理；粪便消毒采取堆积密封发酵方式。皮毛消毒用环氧乙烷、福尔马林熏蒸等。

4.2.6 发生重大布病疫情时，当地县级以上人民政府应按照《重大动物疫情应急条例》有关规定，采取相应的扑灭措施。

5 预防和控制

非疫区以监测为主；稳定控制区以监测净化为主；控制区和疫区实行监测、扑杀和免疫相结合的综合防治措施。

5.1 免疫接种

5.1.1 范围 疫情呈地方性流行的区域，应采取免疫接种的方法。

5.1.2 对象 免疫接种范围内的牛、羊、猪、鹿等易感动物。根据当地疫情，确定免疫对象。

5.1.3 疫苗选择 布病疫苗 S2 株（以下简称 S2 疫苗）、M5 株（以下简称 M5 疫苗）、S19 株（以下简称 S19 疫苗）以及经农业部批准生产的其他疫苗。

5.2 监 测

5.2.1 监测对象和方法

监测对象：牛、羊、猪、鹿等动物。

监测方法：采用流行病学调查、血清学诊断方法，结合病原学诊断进行监测。

5.2.2 监测范围、数量

免疫地区：对新生动物、未免疫动物、免疫一年半或口服免疫一年以后的动物进行监测（猪可在口服免疫半年后进行）。监测至少每年进行一次，牧区县抽检300头（只）以上，农区和半农半牧区抽检200头（只）以上。

非免疫地区：监测至少每年进行一次。达到控制标准的牧区县抽检1000头（只）以上，农区和半农半牧区抽检500头（只）以上；达到稳定控制标准的牧区县抽检500头（只）以上，农区和半农半牧区抽检200头（只）以上。

所有的奶牛、奶山羊和种畜每年应进行两次血清学监测。

5.2.3　监测时间

对成年动物监测时，猪、羊在5月龄以上，牛在8月龄以上，怀孕动物则在第1胎产后半个月至1个月间进行；对S2、M5、S19疫苗免疫接种过的动物，在接种后18个月（猪接种后6个月）进行。

5.2.4　监测结果的处理

按要求使用和填写监测结果报告，并及时上报。

判断为患病动物时，按第4项规定处理。

5.3　检疫

异地调运的动物，必须来自于非疫区，凭当地动物防疫监督机构出具的检疫合格证明调运。

动物防疫监督机构应对调运的种用、乳用、役用动物进行实验室检测。检测合格后，方可出具检疫合格证明。调入后应隔离饲养30天，经当地动物防疫监督机构检疫合格后，方可解除隔离。

5.4　人员防护

饲养人员每年要定期进行健康检查。发现患有布病的应调离岗位，及时治疗。

5.5 防疫监督

布病监测合格应为奶牛场、种畜场《动物防疫合格证》发放或审验的必备条件。动物防疫监督机构要对辖区内奶牛场、种畜场的检疫净化情况监督检查。

鲜奶收购点（站）必须凭奶牛健康证明收购鲜奶。

6 控制和净化标准

6.1 控制标准

6.1.1 县级控制标准

连续 2 年以上具备以下 3 项条件：

6.1.1.1 对未免疫或免疫 18 个月后的动物，牧区抽检 3000 份血清以上，农区和半农半牧区抽检 1000 份血清以上，用试管凝集试验或补体结合试验进行检测。

试管凝集试验阳性率：羊、鹿 0.5% 以下，牛 1% 以下，猪 2% 以下。

补体结合试验阳性率：各种动物阳性率均在 0.5% 以下。

6.1.1.2 抽检羊、牛、猪流产物样品共 200 份以上（流产物数量不足时，补检正常产胎盘、乳汁、阴道分泌物或屠宰畜脾脏），检不出布鲁氏菌。

6.1.1.3 患病动物均已扑杀，并进行无害化处理。

6.1.2 市级控制标准

全市所有县均达到控制标准。

6.1.3 省级控制标准

全省所有市均达到控制标准。

6.2 稳定控制标准

6.2.1 县级稳定控制标准

按控制标准的要求的方法和数量进行，连续 3 年以上具备以下 3 项条件：

6.2.1.1　羊血清学检查阳性率在 0.1% 以下、猪在 0.3% 以下；牛、鹿 0.2% 以下。

6.2.1.2　抽检羊、牛、猪等动物样品材料检不出布鲁氏菌。

6.2.1.3　患病动物全部扑杀，并进行了无害化处理。

6.2.2　市级稳定控制标准

全市所有县均达到稳定控制标准。

6.2.3　省级稳定控制标准

全省所有市均达到稳定控制标准。

6.3　净化标准

6.3.1　县级净化标准

按控制标准要求的方法和数量进行，连续 2 年以上具备以下 2 项条件：

6.3.1.1　达到稳定控制标准后，全县范围内连续两年无布病疫情。

6.3.1.2　用试管凝集试验或补体结合试验进行检测，全部阴性。

6.3.2　市级净化标准

全市所有县均达到净化标准。

6.3.3　省级净化标准

全省所有市均达到净化标准。

6.3.4　全国净化标准

全国所有省（市、自治区）均达到净化标准。

绵羊痘／山羊痘防治技术规范

绵羊痘（Sheep pox）和山羊痘（Goat pox）分别是由痘病毒科羊痘病毒属的绵羊痘病毒、山羊痘病毒引起的绵羊和山羊的急性热性接触性传染病。世界动物卫生组织（OIE）将其列为必须报告的动物疫病，我国将其列为一类动物疫病。

为预防、控制和消灭绵羊痘和山羊痘，依据《中华人民共和国动物防疫法》和其他相关法律法规，制定本规范。

1 适用范围

本规范规定了绵羊痘和山羊痘的诊断、疫情报告、疫情处理、预防措施和控制标准。

本规范适用于中华人民共和国境内一切从事羊的饲养、经营及其产品生产、经营的单位和个人，以及从事动物防疫活动的单位和个人。

2 诊　断

根据流行病学特点、临床症状和病理变化等可做出诊断，必要时进行实验室诊断。

2.1 流行特点

病羊是主要的传染源，主要通过呼吸道感染，也可通过损伤的皮肤或黏膜侵入机体。饲养和管理人员，以及被污染的饲料、垫草、用具、皮毛产品和体外寄生虫等均可成为传播媒介。

在自然条件下，绵羊痘病毒只能使绵羊发病，山羊痘病毒只能使山羊发病。本病传播快、发病率高，不同品种、性别和年龄的羊均可感染，羔羊较成年羊易感，细毛羊较其他品种的羊易感，粗毛羊和土种羊有一定的抵抗力。本病一年四季均可发生，我国多发于

冬春季节。

该病一旦传播到无本病地区，易造成流行。

2.2　临床症状

本规范规定本病的潜伏期为21天。

2.2.1　典型病例：病羊体温升至40℃以上，2～5天后在皮肤上可见明显的局灶性充血斑点，随后在腹股沟、腋下和会阴等部位，甚至全身，出现红斑、丘疹、结节、水疱，严重的可形成脓胞。欧洲某些品种的绵羊在皮肤出现病变前可发生急性死亡；某些品种的山羊可见大面积出血性痘疹和大面积丘疹，可引起死亡。

2.2.2　非典型病例：一过型羊痘仅表现轻微症状，不出现或仅出现少量痘疹，呈良性经过。

2.3　病理学诊断

2.3.1　剖检变化：咽喉、气管、肺、胃等部位有特征性痘疹，严重的可形成溃疡和出血性炎症。

2.3.2　组织学变化：真皮充血，浆液性水肿和细胞浸润。炎性细胞增多，主要是嗜中性白细胞和淋巴细胞。表皮的棘细胞肿大、变性、胞浆空泡化。

2.4　实验室诊断

实验室病原学诊断必须在相应级别的生物安全实验室进行。

2.4.1　病原学诊断

电镜检查和包涵体检查（见NY/T576）。

2.4.2　血清学诊断

中和试验（见NY/T576）。

3　疫情报告

3.1　任何单位和个人发现患有本病或者疑似本病的病羊，都应

当立即向当地动物防疫监督机构报告。

3.2 动物防疫监督机构接到疫情报告后，按国家动物疫情报告的有关规定执行。

4 疫情处理

根据流行病学特点、临床症状和病理变化做出的临床诊断结果，可做为疫情处理的依据。

4.1 发现或接到疑似疫情报告后，动物防疫监督机构应及时派员到现场进行临床诊断、流行病学调查、采样送检。对疑似病羊及同群羊应立即采取隔离、限制移动等防控措施。

4.2 当确诊后，当地县级以上人民政府兽医主管部门应当立即划定疫点、疫区、受威胁区，并采取相应措施；同时，及时报请同级人民政府对疫区实行封锁，逐级上报至国务院兽医主管部门，并通报毗邻地区。

4.2.1 划定疫点、疫区、受威胁区

疫点：指病羊所在的地点，一般是指患病羊所在的养殖场（户）或其他有关屠宰、经营单位。如为农村散养，应将自然村划为疫点。

疫区：由疫点边缘外延 3 千米范围内的区域。在实际划分疫区时，应考虑当地饲养环境和自然屏障（如河流、山脉等）以及气象因素，科学确定疫区范围。

受威胁区：指疫区边缘外延 5 千米范围内的区域。

4.2.2 封 锁

县级以上人民政府在接到封锁报告后，应立即发布封锁令，对疫区进行封锁。

4.2.3 扑 杀

在动物防疫监督机构的监督下，对疫点内的病羊及其同群羊彻

底扑杀。

4.2.4　无害化处理

对病死羊、扑杀羊及其产品的无害化处理按照 GB16548 执行；对病羊排泄物和被污染或可能被污染的饲料、垫料、污水等均需通过焚烧、密封堆积发酵等方法进行无害化处理。

病死羊、扑杀羊尸体需要运送时，应使用防漏容器，须有明显标志，并在动物防疫监督机构的监督下实施。

4.2.5　紧急免疫

对疫区和受威胁区内的所有易感羊进行紧急免疫接种，建立免疫档案。

紧急免疫接种时，应遵循从受威胁区到疫区的顺序进行免疫。

4.2.6　紧急监测

对疫区、受威胁区内的羊群必须进行临床检查和血清学监测。

4.2.7　疫源分析与追踪调查

根据流行病学调查结果，分析疫源及其可能扩散、流行的情况。对可能存在的传染源，以及在疫情潜伏期和发病期间售（/运）出的羊类及其产品、可疑污染物（包括粪便、垫料、饲料等）等应当立即开展追踪调查，一经查明立即按照 GB16548 规定进行无害化处理。

4.2.8　封锁令的解除

疫区内没有新的病例发生，疫点内所有病死羊、被扑杀的同群羊及其产品按规定处理 21 天后，对有关场所和物品进行彻底消毒（见附件 1，本书略），经动物防疫监督机构审验合格后，由当地兽医主管部门提出申请，由原发布封锁令的人民政府发布解除封锁令。

4.2.9　处理记录

对处理疫情的全过程必须做好详细的记录（包括文字、图片和

影像等），并完整建档。

5 预 防

以免疫为主，采取"扑杀与免疫相结合"的综合性防治措施。

5.1 饲养管理与环境控制

饲养、生产、经营等场所必须符合《动物防疫条件审核管理办法》（农业部〔2002〕15号令）规定的动物防疫条件，并加强种羊调运检疫管理。饲养场要控制人员、车辆和相关物品出入，严格执行清洁和消毒程序。

5.2 消 毒

各饲养场、屠宰厂（场）、动物防疫监督检查站等要建立严格的卫生（消毒）管理制度。羊舍、羊场环境、用具、饮水等应定期进行严格消毒；饲养场出入口处应设置消毒池，内置有效消毒剂。

5.3 免 疫

按操作规程和免疫程序进行免疫接种，建立免疫档案。

所用疫苗必须是经国务院兽医主管部门批准使用的疫苗。

5.4 监 测

5.4.1 县级以上动物防疫监督机构按规定实施。

5.4.2 监测方法

非免疫区域：以流行病学调查、血清学监测为主，结合病原鉴定。

免疫区域：以病原监测为主，结合流行病学调查、血清学监测。

5.4.3 监测结果的处理

监测结果要及时汇总，由省级动物防疫监督机构定期上报中国动物疫病预防控制中心。

5.5　检　疫

5.5.1　按照 GB16550 执行。

5.5.2　引种检疫

国内异地引种时，应从非疫区引进，并取得原产地动物防疫监督机构的检疫合格证明。调运前隔离 21 天，并在调运前 15 天至 4 个月进行过免疫。

从国外引进动物，按国家有关进出口检疫规定实施检疫。

5.6　消　毒

对饲养场、屠宰厂（场）、交易市场、运输工具等要建立并实施严格的消毒制度。

炭疽防治技术规范

炭疽（Anthrax）是由炭疽芽孢杆菌引起的一种人畜共患传染病。世界动物卫生组织（OIE）将其列为必须报告的动物疫病，我国将其列为二类动物疫病。

为预防和控制炭疽，依据《中华人民共和国动物防疫法》和其他相关法律法规，制定本规范。

1 适用范围

本规范规定了炭疽的诊断、疫情报告、疫情处理、防治措施和控制标准。

本规范适用于中华人民共和国境内一切从事动物饲养、经营及其产品的生产、经营的单位和个人，以及从事动物防疫活动的单位和个人。

2 诊　断

依据本病流行病学调查、临床症状，结合实验室诊断结果做出综合判定。

2.1 流行特点

本病为人畜共患传染病，各种家畜、野生动物及人对本病都有不同程度的易感性。草食动物最易感，其次是杂食动物，再次是肉食动物，家禽一般不感染。人也易感。

患病动物和因炭疽而死亡的动物尸体以及污染的土壤、草地、水、饲料都是本病的主要传染源，炭疽芽孢对环境具有很强的抵抗力，其污染的土壤、水源及场地可形成持久的疫源地。本病主要经消化道、呼吸道和皮肤感染。

本病呈地方性流行。有一定的季节性，多发生在吸血昆虫多、

雨水多、洪水泛滥的季节。

2.2　临床症状

2.2.1　本规范规定本病的潜伏期为 20 天。

2.2.2　典型症状

本病主要呈急性经过，多以突然死亡、天然孔出血、尸僵不全为特征。

牛：体温升高常达 41℃以上，可视黏膜呈暗紫色，心动过速、呼吸困难。呈慢性经过的病牛，在颈、胸前、肩胛、腹下或外阴部常见水肿；皮肤病灶温度增高，坚硬，有压痛，也可发生坏死，有时形成溃疡；颈部水肿常与咽炎和喉头水肿相伴发生，致使呼吸困难加重。急性病例一般经 24～36 小时后死亡，亚急性病例一般经 2～5 天后死亡。

马：体温升高，腹下、乳房、肩及咽喉部常见水肿。舌炭疽多见呼吸困难、发绀；肠炭疽腹痛明显。急性病例一般经 24～36 小时后死亡，有炭疽痈时，病程可达 3～8 天。

羊：多表现为最急性（猝死）病症，摇摆、磨牙、抽搐，挣扎、突然倒毙，有的可见从天然孔流出带气泡的黑红色血液。病程稍长者也只持续数小时后死亡。

猪：多为局限性变化，呈慢性经过，临床症状不明显，常在宰后见病变。

犬和其他肉食动物临床症状不明显。

2.3　病理变化

死亡患病动物可视黏膜发绀、出血。血液呈暗紫红色，凝固不良，黏稠似煤焦油状。皮下、肌间、咽喉等部位有浆液性渗出及出血。淋巴结肿大、充血，切面潮红。脾脏高度肿胀，达正常数倍，

脾髓呈黑紫色。

严禁在非生物安全条件下进行疑似患病动物、患病动物的尸体剖检。

2.4 实验室诊断

实验室病原学诊断必须在相应级别的生物安全实验室进行。

2.4.1 病原鉴定

2.4.1.1 样品采集、包装与运输

按照 NY/T561 2.1.2、4.1、5.1 执行。

2.4.1.2 病原学诊断

炭疽的病原分离及鉴定（见 NY/T561）。

2.4.2 血清学诊断

炭疽沉淀反应（见 NY/T561）。

2.4.3 分子生物学诊断

聚合酶链式反应（PCR）（见附件1，本书略）。

3 疫情报告

3.1 任何单位和个人发现患有本病或者疑似本病的动物，都应立即向当地动物防疫监督机构报告。

3.2 当地动物防疫监督机构接到疫情报告后，按国家动物疫情报告管理的有关规定执行。

4 疫情处理

依据本病流行病学调查、临床症状，结合实验室诊断做出的综合判定结果可做为疫情处理依据。

4.1 当地动物防疫监督机构接到疑似炭疽疫情报告后，应及时派员到现场进行流行病学调查和临床检查，采集病料送符合规定的实验室诊断，并立即隔离疑似患病动物及同群动物，限制移动。

对病死动物尸体，严禁进行开放式解剖检查，采样时必须按规定进行，防止病原污染环境，形成永久性疫源地。

4.2 确诊为炭疽后，必须按下列要求处理。

4.2.1 由所在地县级以上兽医主管部门划定疫点、疫区、受威胁区。

疫点：指患病动物所在地点。一般是指患病动物及同群动物所在畜场（户组）或其他有关屠宰、经营单位。

疫区：指由疫点边缘外延 3 千米范围内的区域。在实际划分疫区时，应考虑当地饲养环境和自然屏障（如河流、山脉等）以及气象因素，科学确定疫区范围。

受威胁区：指疫区外延 5 千米范围内的区域。

4.2.2 本病呈零星散发时，应对患病动物作无血扑杀处理，对同群动物立即进行强制免疫接种，并隔离观察 20 天。对病死动物及排泄物、可能被污染饲料、污水等按附件 2（本书略）的要求进行无害化处理；对可能被污染的物品、交通工具、用具、动物舍进行严格彻底消毒（见附件 2，本书略）。疫区、受威胁区所有易感动物进行紧急免疫接种。对病死动物尸体严禁进行开放式解剖检查，采样必须按规定进行，防止病原污染环境，形成永久性疫源地。

4.2.3 本病呈暴发流行时（1 个县 10 天内发现 5 头以上的患病动物），要报请同级人民政府对疫区实行封锁；人民政府在接到封锁报告后，应立即发布封锁令，并对疫区实施封锁。

疫点、疫区和受威胁区采取的处理措施如下：

4.2.3.1 疫　点

出入口必须设立消毒设施。限制人、易感动物、车辆进出和动物产品及可能受污染的物品运出。对疫点内动物舍、场地以及所有

运载工具、饮水用具等必须进行严格彻底地消毒。

患病动物和同群动物全部进行无血扑杀处理。其他易感动物紧急免疫接种。

对所有病死动物、被扑杀动物，以及排泄物和可能被污染的垫料、饲料等物品产品按附件 2 要求进行无害化处理。

动物尸体需要运送时，应使用防漏容器，须有明显标志，并在动物防疫监督机构的监督下实施。

4.2.3.2 疫区：交通要道建立动物防疫监督检查站，派专人监管动物及其产品的流动，对进出人员、车辆须进行消毒。停止疫区内动物及其产品的交易、移动。所有易感动物必须圈养，或在指定地点放养；对动物舍、道路等可能污染的场所进行消毒。

对疫区内的所有易感动物进行紧急免疫接种。

4.2.3.3 受威胁区：对受威胁区内的所有易感动物进行紧急免疫接种。

4.2.3.4 进行疫源分析与流行病学调查

4.2.3.5 封锁令的解除

最后 1 头患病动物死亡或患病动物和同群动物扑杀处理后 20 天内不再出现新的病例，进行终末消毒后，经动物防疫监督机构审验合格后，由当地兽医主管部门向原发布封锁令的机关申请发布解除封锁令。

4.2.4 处理记录

对处理疫情的全过程必须做好完整的详细记录，建立档案。

5 预防与控制

5.1 环境控制

饲养、生产、经营场所和屠宰场必须符合《动物防疫条件审核

管理办法》（农业部〔2002〕15 号令）规定的动物防疫条件，建立严格的卫生（消毒）管理制度。

5.2　免疫接种

5.2.1　各省根据当地疫情流行情况，按农业部制定的免疫方案，确定免疫接种对象、范围。

5.2.2　使用国家批准的炭疽疫苗，并按免疫程序进行适时免疫接种，建立免疫档案。

5.3　检　疫

5.3.1　产地检疫

按 GB16549 和《动物检疫管理办法》实施检疫。检出炭疽阳性动物时，按本规范 4.2.2 规定处理。

5.3.2　屠宰检疫

按 NY467 和《动物检疫管理办法》对屠宰的动物实施检疫。

5.4　消　毒

对新老疫区进行经常性消毒，雨季要重点消毒。皮张、毛等按照附件 2 实施消毒。

5.5　人员防护

动物防疫检疫、实验室诊断及饲养场、畜产品及皮张加工企业工作人员要注意个人防护，参与疫情处理的有关人员，应穿防护服、戴口罩和手套，做好自身防护。

农业部关于印发《病死动物无害化处理技术规范》的通知

各省、自治区、直辖市及计划单列市畜牧兽医（农牧、农业）厅（局、委、办），新疆生产建设兵团农业局：

为进一步规范病死动物无害化处理操作技术，有效防控重大动物疫病，确保动物产品质量安全，根据《中华人民共和国动物防疫法》等法律法规，我部组织制定了《病死动物无害化处理技术规范》，现印发给你们，请遵照执行。

农业部

2013 年 10 月 15 日

病死动物无害化处理技术规范

为规范病死动物尸体及相关动物产品无害化处理操作技术，预防重大动物疫病，维护动物产品质量安全，依据《中华人民共和国动物防疫法》及有关法律法规制定本规范。

1 适用范围

本规范规定了病死动物尸体及相关动物产品无害化处理方法的技术工艺和操作注意事项，以及在处理过程中包装、暂存、运输、人员防护和无害化处理记录要求。

2 引用规范和标准

《中华人民共和国动物防疫法》（2007 年主席令第 71 号）

《动物防疫条件审查办法》（农业部令 2010 年第 7 号）

《病死及死因不明动物处置办法（试行）》（农医发〔2005〕25 号）

GB16548 病害动物和病害动物产品生物安全处理规程

GB19217　医疗废物转运车技术要求（试行）

GB18484　危险废物焚烧污染控制标准

GB18597　危险废物贮存污染控制标准

GB16297　大气污染物综合排放标准

GB14554　恶臭污染物排放标准

GB8978　污水综合排放标准

GB5085.3　危险废物鉴别标准

GB/T16569　畜禽产品消毒规范

GB19218　医疗废物焚烧炉技术要求（试行）

GB/T19923　城市污水再生利用　工业用水水质

当上述标准和文件被修订时，应使用其最新版本。

3　术语和定义

3.1　无害化处理

本规范所称无害化处理，是指用物理、化学等方法处理病死动物尸体及相关动物产品，消灭其所携带的病原体，消除动物尸体危害的过程。

3.2　焚烧法

焚烧法是指在焚烧容器内，使动物尸体及相关动物产品在富氧或无氧条件下进行氧化反应或热解反应的方法。

3.3　化制法

化制法是指在密闭的高压容器内，通过向容器夹层或容器通入高温饱和蒸汽，在干热、压力或高温、压力的作用下，处理动物尸体及相关动物产品的方法。

3.4　掩埋法

掩埋法是指按照相关规定，将动物尸体及相关动物产品投入化

尸窖或掩埋坑中并覆盖、消毒，发酵或分解动物尸体及相关动物产品的方法。

3.5 发酵法

发酵法是指将动物尸体及相关动物产品与稻糠、木屑等辅料按要求摆放，利用动物尸体及相关动物产品产生的生物热或加入特定生物制剂，发酵或分解动物尸体及相关动物产品的方法。

4 无害化处理方法

4.1 焚烧法

4.1.1 直接焚烧法

4.1.1.1 技术工艺

4.1.1.1.1 可视情况对动物尸体及相关动物产品进行破碎预处理。

4.1.1.1.2 将动物尸体及相关动物产品或破碎产物，投至焚烧炉本体燃烧室，经充分氧化、热解，产生的高温烟气进入二燃室继续燃烧，产生的炉渣经出渣机排出。燃烧室温度应≥850℃。

4.1.1.1.3 二燃室出口烟气经余热利用系统、烟气净化系统处理后达标排放。

4.1.1.1.4 焚烧炉渣与除尘设备收集的焚烧飞灰应分别收集、贮存和运输。焚烧炉渣按一般固体废物处理；焚烧飞灰和其他尾气净化装置收集的固体废物如属于危险废物，则按危险废物处理。

4.1.1.2 操作注意事项

4.1.1.2.1 严格控制焚烧进料频率和重量，使物料能够充分与空气接触，保证完全燃烧。

4.1.1.2.2 燃烧室内应保持负压状态，避免焚烧过程中发生烟气泄漏。

4.1.1.2.3 燃烧所产生的烟气从最后的助燃空气喷射口或燃烧器

出口到换热面或烟道冷风引射口之间的停留时间应≥2 s。

4.1.1.2.4　二燃室顶部设紧急排放烟囱，应急时开启。

4.1.1.2.5　应配备充分的烟气净化系统，包括喷淋塔、活性炭喷射吸附、除尘器、冷却塔、引风机和烟囱等，焚烧炉出口烟气中氧含量应为 6%～10%（干气）。

4.1.2　炭化焚烧法

4.1.2.1　技术工艺

4.1.2.1.1　将动物尸体及相关动物产品投至热解炭化室，在无氧情况下经充分热解，产生的热解烟气进入燃烧（二燃）室继续燃烧，产生的固体炭化物残渣经热解炭化室排出。热解温度应≥600℃，燃烧（二燃）室温度≥1100℃，焚烧后烟气在 1100℃以上停留时间≥2s。

4.1.2.1.2　烟气经过热解炭化室热能回收后，降至 600℃左右进入排烟管道。烟气经过湿式冷却塔进行"急冷"和"脱酸"后进入活性炭吸附和除尘器，最后达标后排放。

4.1.2.2　注意事项

4.1.2.2.1　应检查热解炭化系统的炉门密封性，以保证热解炭

4.1.2.2.2　应定期检查和清理热解气输出管道，以免发生阻塞。

4.1.2.2.3　热解炭化室顶部需设置与大气相连的防爆口，热解炭化室内压力过大时可自动开启泄压。

4.1.2.2.4　应根据处理物种类、体积等严格控制热解的温度、升温速度及物料在热解炭化室里的停留时间。

4.2　化制法

4.2.1　干化法

4.2.1.1　技术工艺

4.2.1.1.1 可视情况对动物尸体及相关动物产品进行破碎预处理。

4.2.1.1.2 动物尸体及相关动物产品或破碎产物输送入高温高压容器。

4.2.1.1.3 处理物中心温度≥140℃，压力≥0.5 MPa（绝对压力），时间≥4h（具体处理时间随需处理动物尸体及相关动物产品或破碎产物种类和体积大小而设定）。

4.2.1.1.4 加热烘干产生的热蒸汽经废气处理系统后排出。

4.2.1.1.5 加热烘干产生的动物尸体残渣传输至压榨系统处理。

4.2.1.2 操作注意事项

4.2.1.2.1 搅拌系统的工作时间应以烘干剩余物基本不含水分为宜，根据处理物量的多少，适当延长或缩短搅拌时间。

4.2.1.2.2 应使用合理的污水处理系统，有效去除有机物、氨氮，达到国家规定的排放要求。

4.2.1.2.3 应使用合理的废气处理系统，有效吸收处理过程中动物尸体腐败产生的恶臭气体，使废气排放符合国家相关标准。

4.2.1.2.4 高温高压容器操作人员应符合相关专业要求。

4.2.1.2.5 处理结束后，需对墙面、地面及其相关工具进行彻底清洗消毒。

4.2.2 湿化法

4.2.2.1 技术工艺

4.2.2.1.1 可视情况对动物尸体及相关动物产品进行破碎预处理。

4.2.2.1.2 将动物尸体及相关动物产品或破碎产物送入高温高压容器，总质量不得超过容器总承受力的五分之四。

4.2.2.1.3 处理物中心温度≥135℃，压力≥0.3MPa（绝对压力），处理时间≥30min（具体处理时间随需处理动物尸体及相关动

物产品或破碎产物种类和体积大小而设定）。

4.2.2.1.4 高温高压结束后，对处理物进行初次固液分离。

4.2.2.1.5 固体物经破碎处理后，送入烘干系统；液体部分送入油水分离系统处理。

4.2.2.2 操作注意事项

4.2.2.2.1 高温高压容器操作人员应符合相关专业要求。

4.2.2.2.2 处理结束后，需对墙面、地面及其相关工具进行彻底清洗消毒。

4.2.2.2.3 冷凝排放水应冷却后排放，产生的废水应经污水处理系统处理达标后排放。

4.2.2.2.4 处理车间废气应通过安装自动喷淋消毒系统、排风系统和高效微粒空气过滤器（HEPA 过滤器）等进行处理，达标后排放。

4.3 掩埋法

4.3.1 直接掩埋法

4.3.1.1 选址要求

4.3.1.1.1 应选择地势高燥，处于下风向的地点。

4.3.1.1.2 应远离动物饲养厂（饲养小区）、动物屠宰加工场所、动物隔离场所、动物诊疗场所、动物和动物产品集贸市场、生活饮用水源地。

4.3.1.1.3 应远离城镇居民区、文化教育科研等人口集中区域、主要河流及公路、铁路等主要交通干线。

4.3.1.2 技术工艺

4.3.1.2.1 掩埋坑体容积以实际处理动物尸体及相关动物产品数量确定。

4.3.1.2.2 掩埋坑底应高出地下水位 1.5 m 以上，要防渗、防漏。

4.3.1.2.3 坑底洒一层厚度为 2～5 cm 的生石灰或漂白粉等消毒药。

4.3.1.2.4 将动物尸体及相关动物产品投入坑内，最上层距离地表 1.5 m 以上。

4.3.1.2.5 生石灰或漂白粉等消毒药消毒。

4.3.1.2.6 覆盖距地表 20～30 cm，厚度不少于 1～1.2 m 的覆土。

4.3.1.3 操作注意事项

4.3.1.3.1 掩埋覆土不要太实，以免腐败产气造成气泡冒出和液体渗漏。

4.3.1.3.2 掩埋后，在掩埋处设置警示标识。

4.3.1.3.3 掩埋后，第一周内应每日巡查 1 次，第二周起应每周巡查 1 次，连续巡查 3 个月，掩埋坑塌陷处应及时加盖覆土。

4.3.1.3.4 掩埋后，立即用氯制剂、漂白粉或生石灰等消毒药对掩埋场所进行 1 次彻底消毒。第一周内应每日消毒 1 次，第二周起应每周消毒 1 次，连续消毒三周以上。

4.3.2 化尸窖

4.3.2.1 选址要求

4.3.2.1.1 畜禽养殖场的化尸窖应结合本场地形特点，宜建在下风向。

4.3.2.1.2 乡镇、村的化尸窖选址应选择地势较高，处于下风向的地点。应远离动物饲养厂（饲养小区）、动物屠宰加工场所、动物隔离场所、动物诊疗场所、动物和动物产品集贸市场、泄洪区、生活饮用水源地；应远离居民区、公共场所，以及主要河流、公路、铁路等主要交通干线。

4.3.2.2　技术工艺

4.3.2.2.1　化尸窖应为砖和混凝土，或者钢筋和混凝土密封结构，应防渗防漏。

4.3.2.2.2　在顶部设置投置口，并加盖密封加双锁；设置异味吸附、过滤等除味装置。

4.3.2.2.3　投放前，应在化尸窖底部铺洒一定量的生石灰或消毒液。

4.3.2.2.4　投放后，投置口密封加盖加锁，并对投置口、化尸窖及周边环境进行消毒。

4.3.2.2.5　当化尸窖内动物尸体达到容积的四分之三时，应停止使用并密封。

4.3.2.3　注意事项

4.3.2.3.1　化尸窖周围应设置围栏、设立醒目警示标志以及专业管理人员姓名和联系电话公示牌，应实行专人管理。

4.3.2.3.2　应注意化尸窖维护，发现化尸窖破损、渗漏应及时处理。

4.3.2.3.3　当封闭化尸窖内的动物尸体完全分解后，应当对残留物进行清理，清理出的残留物进行焚烧或者掩埋处理，化尸窖池进行彻底消毒后，方可重新启用。

4.4　发酵法

4.4.1　技术工艺

4.4.1.1　发酵堆体结构形式主要分为条垛式和发酵池式。

4.4.1.2　处理前，在指定场地或发酵池底铺设 20 cm 厚辅料。

4.4.1.3　辅料上平铺动物尸体或相关动物产品，厚度≤ 20 cm。

4.4.1.4　覆盖 20 cm 辅料，确保动物尸体或相关动物产品全部被

覆盖。堆体厚度随需处理动物尸体和相关动物产品数量而定，一般控制在 2 ～ 3 m。

4.4.1.5 堆肥发酵堆内部温度≥ 54℃，一周后翻堆，3 周后完成。

4.4.1.6 辅料为稻糠、木屑、秸秆、玉米芯等混合物，或为在稻糠、木屑等混合物中加入特定生物制剂预发酵后产物。

4.4.2 操作注意事项

4.4.2.1 因重大动物疫病及人畜共患病死亡的动物尸体和相关动物产品不得使用此种方式进行处理。

4.4.2.2 发酵过程中，应做好防雨措施。

4.4.2.3 条垛式堆肥发酵应选择平整、防渗地面。

4.4.2.4 应使用合理的废气处理系统，有效吸收处理过程中动物尸体和相关动物产品腐败产生的恶臭气体，使废气排放符合国家相关标准。

5 收集运输要求

5.1 包装

5.1.1 包装材料应符合密闭、防水、防渗、防破损、耐腐蚀等要求。

5.1.2 包装材料的容积、尺寸和数量应与需处理动物尸体及相关动物产品的体积、数量相匹配。

5.1.3 包装后应进行密封。

5.1.4 使用后，一次性包装材料应作销毁处理，可循环使用的包装材料应进行清洗消毒。

5.2 暂存

5.2.1 采用冷冻或冷藏方式进行暂存，防止无害化处理前动物尸体腐败。

5.2.2 暂存场所应能防水、防渗、防鼠、防盗，易于清洗和消毒。

5.2.3 暂存场所应设置明显警示标识。

5.2.4 应定期对暂存场所及周边环境进行清洗消毒。

5.3 运输

5.3.1 选择专用的运输车辆或封闭厢式运载工具，车厢四壁及底部应使用耐腐蚀材料，并采取防渗措施。

5.3.2 车辆驶离暂存、养殖等场所前，应对车轮及车厢外部进行消毒。

5.3.3 运载车辆应尽量避免进入人口密集区。

5.3.4 若运输途中发生渗漏，应重新包装、消毒后运输。

5.3.5 卸载后，应对运输车辆及相关工具等进行彻底清洗、消毒。

6 其他要求

6.1 人员防护

6.1.1 动物尸体的收集、暂存、装运、无害化处理操作的工作人员应经过专门培训，掌握相应的动物防疫知识。

6.1.2 工作人员在操作过程中应穿戴防护服、口罩、护目镜、胶鞋及手套等防护用具。

6.1.3 工作人员应使用专用的收集工具、包装用品、运载工具、清洗工具、消毒器材等。

6.1.4 工作完毕后，应对一次性防护用品作销毁处理，对循环使用的防护用品消毒处理。

6.2 记录要求

6.2.1 病死动物的收集、暂存、装运、无害化处理等环节应建有台账和记录。有条件的地方应保存运输车辆行车信息和相关环节视频记录。

6.2.2　台账和记录

6.2.2.1　暂存环节

6.2.2.1.1　接收台账和记录应包括病死动物及相关动物产品来源场（户）、种类、数量、动物标识号、死亡原因、消毒方法、收集时间、经手人员等。

6.2.2.1.2　运出台账和记录应包括运输人员、联系方式、运输时间、车牌号、病死动物及产品种类、数量、动物标识号、消毒方法、运输目的地以及经手人员等。

6.2.2.2　处理环节

6.2.2.2.1　接收台账和记录应包括病死动物及相关动物产品来源、种类、数量、动物标识号、运输人员、联系方式、车牌号、接收时间及经手人员等。

6.2.2.2.2　处理台账和记录应包括处理时间、处理方式、处理数量及操作人员等。

6.2.3　涉及病死动物无害化处理的台账和记录至少要保存两年。

中华人民共和国农业部令

第 19 号

《动物诊疗机构管理办法》已经 2008 年 11 月 4 日农业部第 8 次常务会议审议通过，现予发布，自 2009 年 1 月 1 日起施行。

部长：孙政才

二〇〇八年十一月二十六日

动物诊疗机构管理办法

第一章 总 则

第一条 为了加强动物诊疗机构管理，规范动物诊疗行为，保障公共卫生安全，根据《中华人民共和国动物防疫法》，制定本办法。

第二条 在中华人民共和国境内从事动物诊疗活动的机构，应当遵守本办法。

本办法所称动物诊疗，是指动物疾病的预防、诊断、治疗和动物绝育手术等经营性活动。

第三条 农业部负责全国动物诊疗机构的监督管理。

县级以上地方人民政府兽医主管部门负责本行政区域内动物诊疗机构的管理。

县级以上地方人民政府设立的动物卫生监督机构负责本行政区域内动物诊疗机构的监督执法工作。

第二章　　诊疗许可

第四条　国家实行动物诊疗许可制度。从事动物诊疗活动的机构，应当取得动物诊疗许可证，并在规定的诊疗活动范围内开展动物诊疗活动。

第五条　申请设立动物诊疗机构的，应当具备下列条件：

（一）有固定的动物诊疗场所，且动物诊疗场所使用面积符合省、自治区、直辖市人民政府兽医主管部门的规定；

（二）动物诊疗场所选址距离畜禽养殖场、屠宰加工场、动物交易场所不少于200米；

（三）动物诊疗场所设有独立的出入口，出入口不得设在居民住宅楼内或者院内，不得与同一建筑物的其他用户共用通道；

（四）具有布局合理的诊疗室、手术室、药房等设施；

（五）具有诊断、手术、消毒、冷藏、常规化验、污水处理等器械设备；

（六）具有1名以上取得执业兽医师资格证书的人员；

（七）具有完善的诊疗服务、疫情报告、卫生消毒、兽药处方、药物和无害化处理等管理制度。

第六条　动物诊疗机构从事动物颅腔、胸腔和腹腔手术的，除具备本办法第五条规定的条件外，还应当具备以下条件：

（一）具有手术台、X光机或者B超等器械设备；

（二）具有3名以上取得执业兽医师资格证书的人员。

第七条　设立动物诊疗机构，应当向动物诊疗场所所在地的发证机关提出申请，并提交下列材料：

（一）动物诊疗许可证申请表；

（二）动物诊疗场所地理方位图、室内平面图和各功能区布局图；

（三）动物诊疗场所使用权证明；

（四）法定代表人（负责人）身份证明；

（五）执业兽医师资格证书原件及复印件；

（六）设施设备清单；

（七）管理制度文本；

（八）执业兽医和服务人员的健康证明材料。

申请材料不齐全或者不符合规定条件的，发证机关应当自收到申请材料之日起 5 个工作日内一次告知申请人需补正的内容。

第八条 动物诊疗机构应当使用规范的名称。不具备从事动物颅腔、胸腔和腹腔手术能力的，不得使用"动物医院"的名称。

动物诊疗机构名称应当经工商行政管理机关预先核准。

第九条 发证机关受理申请后，应当在 20 个工作日内完成对申请材料的审核和对动物诊疗场所的实地考查。符合规定条件的，发证机关应当向申请人颁发动物诊疗许可证；不符合条件的，书面通知申请人，并说明理由。

专门从事水生动物疫病诊疗的，发证机关在核发动物诊疗许可证时，应当征求同级渔业行政主管部门的意见。

第十条 动物诊疗许可证应当载明诊疗机构名称、诊疗活动范围、从业地点和法定代表人（负责人）等事项。

动物诊疗许可证格式由农业部统一规定。

第十一条 申请人凭动物诊疗许可证到动物诊疗场所所在地工商行政管理部门办理登记注册手续。

第十二条 动物诊疗机构设立分支机构的，应当按照本办法的规定另行办理动物诊疗许可证。

第十三条　动物诊疗机构变更名称或者法定代表人（负责人）的，应当在办理工商变更登记手续后 15 个工作日内，向原发证机关申请办理变更手续。

动物诊疗机构变更从业地点、诊疗活动范围的，应当按照本办法规定重新办理动物诊疗许可手续，申请换发动物诊疗许可证，并依法办理工商变更登记手续。

第十四条　动物诊疗许可证不得伪造、变造、转让、出租、出借。

动物诊疗许可证遗失的，应当及时向原发证机关申请补发。

第十五条　发证机关办理动物诊疗许可证，不得向申请人收取费用。

第三章　诊疗活动管理

第十六条　动物诊疗机构应当依法从事动物诊疗活动，建立健全内部管理制度，在诊疗场所的显著位置悬挂动物诊疗许可证和公示从业人员基本情况。

第十七条　动物诊疗机构应当按照国家兽药管理的规定使用兽药，不得使用假劣兽药和农业部规定禁止使用的药品及其他化合物。

第十八条　动物诊疗机构兼营宠物用品、宠物食品、宠物美容等项目的，兼营区域与动物诊疗区域应当分别独立设置。

第十九条　动物诊疗机构应当使用规范的病历、处方笺，病历、处方笺应当印有动物诊疗机构名称。病历档案应当保存 3 年以上。

第二十条　动物诊疗机构安装、使用具有放射性的诊疗设备的，应当依法经环境保护部门批准。

第二十一条　动物诊疗机构发现动物染疫或者疑似染疫的，应当按照国家规定立即向当地兽医主管部门、动物卫生监督机构或者

动物疫病预防控制机构报告，并采取隔离等控制措施，防止动物疫情扩散。

动物诊疗机构发现动物患有或者疑似患有国家规定应当扑杀的疫病时，不得擅自进行治疗。

第二十二条　动物诊疗机构应当按照农业部规定处理病死动物和动物病理组织。

动物诊疗机构应当参照《医疗废弃物管理条例》的有关规定处理医疗废弃物。

第二十三条　动物诊疗机构的执业兽医应当按照当地人民政府或者兽医主管部门的要求，参加预防、控制和扑灭动物疫病活动。

第二十四条　动物诊疗机构应当配合兽医主管部门、动物卫生监督机构、动物疫病预防控制机构进行有关法律法规宣传、流行病学调查和监测工作。

第二十五条　动物诊疗机构不得随意抛弃病死动物、动物病理组织和医疗废弃物，不得排放未经无害化处理或者处理不达标的诊疗废水。

第二十六条　动物诊疗机构应当定期对本单位工作人员进行专业知识和相关政策、法规培训。

第二十七条　动物诊疗机构应当于每年3月底前将上年度动物诊疗活动情况向发证机关报告。

第二十八条　动物卫生监督机构应当建立健全日常监管制度，对辖区内动物诊疗机构和人员执行法律、法规、规章的情况进行监督检查。

兽医主管部门应当设立动物诊疗违法行为举报电话，并向社会公示。

第四章 罚 则

第二十九条 违反本办法规定，动物诊疗机构有下列情形之一的，由动物卫生监督机构按照《中华人民共和国动物防疫法》第八十一条第一款的规定予以处罚；情节严重的，并报原发证机关收回、注销其动物诊疗许可证：

（一）超出动物诊疗许可证核定的诊疗活动范围从事动物诊疗活动的；

（二）变更从业地点、诊疗活动范围未重新办理动物诊疗许可证的。

第三十条 使用伪造、变造、受让、租用、借用的动物诊疗许可证的，动物卫生监督机构应当依法收缴，并按照《中华人民共和国动物防疫法》第八十一条第一款的规定予以处罚。

出让、出租、出借动物诊疗许可证的，原发证机关应当收回、注销其动物诊疗许可证。

第三十一条 动物诊疗场所不再具备本办法第五条、第六条规定条件的，由动物卫生监督机构给予警告，责令限期改正；逾期仍达不到规定条件的，由原发证机关收回、注销其动物诊疗许可证。

第三十二条 动物诊疗机构连续停业两年以上的，或者连续两年未向发证机关报告动物诊疗活动情况，拒不改正的，由原发证机关收回、注销其动物诊疗许可证。

第三十三条 违反本办法规定，动物诊疗机构有下列情形之一的，由动物卫生监督机构给予警告，责令限期改正；拒不改正或者再次出现同类违法行为的，处以一千元以下罚款。

（一）变更机构名称或者法定代表人未办理变更手续的；

（二）未在诊疗场所悬挂动物诊疗许可证或者公示从业人员基本情况的；

（三）不使用病历，或者应当开具处方未开具处方的；

（四）使用不规范的病历、处方笺的。

第三十四条　动物诊疗机构在动物诊疗活动中，违法使用兽药的，或者违法处理医疗废弃物的，依照有关法律、行政法规的规定予以处罚。

第三十五条　动物诊疗机构违反本办法第二十五条规定的，由动物卫生监督机构按照《中华人民共和国动物防疫法》第七十五条的规定予以处罚。

第三十六条　兽医主管部门依法吊销、注销动物诊疗许可证的，应当及时通报工商行政管理部门。

第三十七条　发证机关及其动物卫生监督机构不依法履行审查和监督管理职责，玩忽职守、滥用职权或者徇私舞弊的，依照有关规定给予处分；构成犯罪的，依法追究刑事责任。

第五章　附　则

第三十八条　乡村兽医在乡村从事动物诊疗活动的具体管理办法由农业部另行规定。

第三十九条　本办法所称发证机关，是指县（市辖区）级人民政府兽医主管部门；市辖区未设立兽医主管部门的，发证机关为上一级兽医主管部门。

第四十条　本办法自 2009 年 1 月 1 日起施行。

本办法施行前已开办的动物诊疗机构，应当自本办法施行之日起 12 个月内，依照本办法的规定，办理动物诊疗许可证。

中华人民共和国农业部令

第 3 号

《兽用生物制品经营管理办法》已于 2007 年 2 月 14 日经农业部第 3 次常务会议审议通过，现予发布，自 2007 年 5 月 1 日起施行。

部长　孙政才

二〇〇七年三月二十九日

兽用生物制品经营管理办法

第一条　为了加强兽用生物制品经营管理，保证兽用生物制品质量，根据《兽药管理条例》，制定本办法。

第二条　在中华人民共和国境内从事兽用生物制品的分发、经营和监督管理，应当遵守本办法。

第三条　兽用生物制品分为国家强制免疫计划所需兽用生物制品（以下简称国家强制免疫用生物制品）和非国家强制免疫计划所需兽用生物制品（以下简称非国家强制免疫用生物制品）。

国家强制免疫用生物制品名单由农业部确定并公告。

第四条　农业部负责全国兽用生物制品的监督管理工作。

县级以上地方人民政府兽医行政管理部门负责本行政区域内兽用生物制品的监督管理工作。

第五条　国家强制免疫用生物制品由农业部指定的企业生产，依法实行政府采购，省级人民政府兽医行政管理部门组织分发。

发生重大动物疫情、灾情或者其他突发事件时，国家强制免疫用生物制品由农业部统一调用，生产企业不得自行销售。

农业部对定点生产企业实行动态管理。

第六条　省级人民政府兽医行政管理部门应当建立国家强制免疫用生物制品储存、运输等管理制度。

分发国家强制免疫用生物制品，应当建立真实、完整的分发记录。分发记录应当保存至制品有效期满后2年。

第七条　具备下列条件的养殖场可以向农业部指定的生产企业采购自用的国家强制免疫用生物制品，但应当将采购的品种、生产企业、数量向所在地县级以上地方人民政府兽医行政管理部门备案：

（一）具有相应的兽医技术人员；

（二）具有相应的运输、储藏条件；

（三）具有完善的购入验收、储藏保管、使用核对等管理制度。

养殖场应当建立真实、完整的采购、使用记录，并保存至制品有效期满后2年。

第八条　农业部指定的生产企业只能将国家强制免疫用生物制品销售给省级人民政府兽医行政管理部门和符合第七条规定的养殖场，不得向其他单位和个人销售。

兽用生物制品生产企业可以将本企业生产的非国家强制免疫用生物制品直接销售给使用者，也可以委托经销商销售。

第九条　兽用生物制品生产企业应当建立真实、完整的销售记录，应当向购买者提供批签发证明文件复印件。销售记录应当载明产品名称、产品批号、产品规格、产品数量、生产日期、有效期、收货单位和地址、发货日期等内容。

第十条　非国家强制免疫用生物制品经销商应当依法取得《兽药经营许可证》和工商营业执照。

前款规定的《兽药经营许可证》的经营范围应当载明委托的兽

用生物制品生产企业名称及委托销售的产品类别等内容。经营范围发生变化的，经销商应当办理变更手续。

第十一条 兽用生物制品生产企业可以自主确定、调整经销商，并与经销商签订销售代理合同，明确代理范围等事项。

第十二条 经销商只能经营所代理兽用生物制品生产企业生产的兽用生物制品，不得经营未经委托的其他企业生产的兽用生物制品。

经销商只能将所代理的产品销售给使用者，不得销售给其他兽药经营企业。

未经兽用生物制品生产企业委托，兽药经营企业不得经营兽用生物制品。

第十三条 养殖户、养殖场、动物诊疗机构等使用者采购的或者经政府分发获得的兽用生物制品只限自用，不得转手销售。

第十四条 县级以上地方人民政府兽医行政管理部门应当依法加强对兽用生物制品生产、经营企业和使用者监督检查，发现有违反《兽药管理条例》和本办法规定情形的，应当依法做出处理决定或者报告上级兽医行政管理部门。

第十五条 各级兽医行政管理部门、兽药检验机构、动物卫生监督机构及其工作人员，不得参与兽用生物制品的生产、经营活动，不得以其名义推荐或者监制、监销兽用生物制品和进行广告宣传。

第十六条 养殖户、养殖场、动物诊疗机构等使用者转手销售兽用生物制品的，或者兽药经营者超出《兽药经营许可证》载明的经营范围经营兽用生物制品的，属于无证经营，按照《兽药管理条例》第五十六条的规定处罚。

第十七条 农业部指定的生产企业违反《兽药管理条例》和本

办法规定的，取消其国家强制免疫用生物制品的生产资格，并按照《兽药管理条例》的规定处罚。

第十八条 本办法所称兽用生物制品是指以天然或者人工改造的微生物、寄生虫、生物毒素或者生物组织及代谢产物等为材料，采用生物学、分子生物学或者生物化学、生物工程等相应技术制成的，用于预防、治疗、诊断动物疫病或者改变动物生产性能的兽药。

本办法所称非国家强制免疫用生物制品是指农业部确定的强制免疫用生物制品以外的兽用生物制品。

第十九条 进口兽用生物制品的经营管理适用《兽药进口管理办法》。

第二十条 本办法自 2007 年 5 月 1 日起施行。

动物疫情报告管理办法

农业部产业政策与法规司

2008 年 3 月

第一条 根据《中华人民共和国动物防疫法》及有关规定，制定本办法。

第二条 本办法所称动物疫情是指动物疫病发生、发展的情况。

第三条 国务院畜牧兽医行政管理部门主管全国动物疫情报告工作，县级以上地方人民政府畜牧兽医行政管理部门主管本行政区内的动物疫情报告工作。国务院畜牧兽医行政管理部门统一公布动物疫情。未经授权，其他任何单位和个人不得以任何方式公布动物疫情。

第四条 各级动物防疫监督机构实施辖区内动物疫情报告工作。

第五条 动物疫情实行逐级报告制度。县、地、省动物防疫监督机构、全国畜牧兽医总站建立四级疫情报告系统。

国务院畜牧兽医行政管理部门在全国布设的动物疫情测报点（简称"国家测报点"）直接向全国畜牧兽医总站报告。

第六条 动物疫情报告实行快报、月报和年报制度。

（一）快报

有下列情形之一的必须快报：

1. 发生一类或者疑似一类动物疫病；

2. 二类、三类或者其他动物疫病呈暴发性流行；

3. 新发现的动物疫情；

4. 已经消灭又发生的动物疫病。

县级动物防疫监督机构和国家测报点确认发现上述动物疫情后，应在 24 小时之内快报至全国畜牧兽医总站。全国畜牧兽医总站应在 12 小时内报国务院畜牧兽医行政管理部门。

（二）月报

县级动物防疫监督机构对辖区内当月发生的动物疫情，于下一个月 5 日前将疫情报告地级动物防疫监督机构；地级动物防疫监督机构每月 10 日前，报告省级动物防疫监督机构；省级动物防疫监督机构于每月 15 日前报全国畜牧兽医总站；全国畜牧兽医总站将汇总分析结果于每月 20 日前报国务院畜牧兽医行政管理部门。

（三）年报

县级动物防疫监督机构每年应将辖区内上一年的动物疫情在 1 月 10 日前报告地（市）级动物防疫监督机构；地（市）级动物防疫监督机构应当在 1 月 20 日前报省级动物防疫监督机构；省级动物防疫监督机构应当在 1 月 30 日前报全国畜牧兽医总站；全国畜牧兽医总站将汇总分析结果于 2 月 10 日前报国务院畜牧兽医行政管理部门。

第七条　各级动物防疫监督机构和国家测报点在快报、月报、年报动物疫情时，必须同时报告当地畜牧兽医行政管理部门。省级动物防疫监督机构和国家测报点报告疫情时，须同时报告国务院畜牧兽医行政管理部门，并抄送农业部动物检疫所进行分析研究。

第八条　疫情报告以报表形式上报。需要文字说明的，要同时报告文字材料。全国畜牧兽医总站统一制定动物疫情快报、月报、年报报表。

第九条　从事动物饲养、经营及动物产品生产、经营和从事动物防疫科研、教学、诊疗及进出境动物检疫等单位和个人，应当建立本单位疫情统计、登记制度，并定期向当地动物防疫监督机构

报告。

第十条　对在动物疫情报告工作中做出显著成绩的单位或个人，由畜牧兽医行政管理部门给予表彰或奖励。

第十一条　违反本办法规定，瞒报、谎报或者阻碍他人报告动物疫情的，按《中华人民共和国动物防疫法》及有关规定给予处罚，对负有直接责任的主管人员和其他直接责任人员，依法给予行政处分。

第十二条　违反本办法规定，引起重大动物疫情，造成重大经济损失，构成犯罪的，移交司法机关处理。

第十三条　本办法由国务院畜牧兽医行政管理部门负责解释。

第十四条　本办法从公布之日起实施。

国务院办公厅
关于建立病死畜禽无害化处理机制的意见

国办发〔2014〕47号

各省、自治区、直辖市人民政府，国务院各部委、各直属机构：

我国家畜家禽饲养数量多，规模化养殖程度不高，病死畜禽数量较大，无害化处理水平偏低，随意处置现象时有发生。为全面推进病死畜禽无害化处理，保障食品安全和生态环境安全，促进养殖业健康发展，经国务院同意，现就建立病死畜禽无害化处理机制提出以下意见。

一、总体思路

按照推进生态文明建设的总体要求，以及时处理、清洁环保、合理利用为目标，坚持统筹规划与属地负责相结合、政府监管与市场运作相结合、财政补助与保险联动相结合、集中处理与自行处理相结合，尽快建成覆盖饲养、屠宰、经营、运输等各环节的病死畜禽无害化处理体系，构建科学完备、运转高效的病死畜禽无害化处理机制。

二、强化生产经营者主体责任

从事畜禽饲养、屠宰、经营、运输的单位和个人是病死畜禽无害化处理的第一责任人，负有对病死畜禽及时进行无害化处理并向当地畜牧兽医部门报告畜禽死亡及处理情况的义务。鼓励大型养殖场、屠宰场建设病死畜禽无害化处理设施，并可以接受委托，有偿对地方人民政府组织收集及其他生产经营者的病死畜禽进行无害化处理。对零星病死畜禽自行处理的，各地要制定处理规范，确保清

洁安全、不污染环境。任何单位和个人不得抛弃、收购、贩卖、屠宰、加工病死畜禽。

三、落实属地管理责任

地方各级人民政府对本地区病死畜禽无害化处理负总责。在江河、湖泊、水库等水域发现的病死畜禽，由所在地县级政府组织收集处理；在城市公共场所以及乡村发现的病死畜禽，由所在地街道办事处或乡镇政府组织收集处理。在收集处理同时，要及时组织力量调查病死畜禽来源，并向上级政府报告。跨省际流入的病死畜禽，由农业部会同有关地方和部门组织调查；省域内跨市（地）、县（市）流入的，由省级政府责令有关地方和部门调查。在完成调查并按法定程序作出处理决定后，要及时将调查结果和对生产经营者、监管部门及地方政府的处理意见向社会公布。重要情况及时向国务院报告。

四、加强无害化处理体系建设

县级以上地方人民政府要根据本地区畜禽养殖、疫病发生和畜禽死亡等情况，统筹规划和合理布局病死畜禽无害化收集处理体系，组织建设覆盖饲养、屠宰、经营、运输等各环节的病死畜禽无害化处理场所，处理场所的设计处理能力应高于日常病死畜禽处理量。要依托养殖场、屠宰场、专业合作组织和乡镇畜牧兽医站等建设病死畜禽收集网点、暂存设施，并配备必要的运输工具。鼓励跨行政区域建设病死畜禽专业无害化处理场。处理设施应优先采用化制、发酵等既能实现无害化处理又能资源化利用的工艺技术。支持研究新型、高效、环保的无害化处理技术和装备。有条件的地方也可在完善防疫设施的基础上，利用现有医疗垃圾处理厂等对病死畜禽进行无害化处理。

五、完善配套保障政策

按照"谁处理、补给谁"的原则，建立与养殖量、无害化处理率相挂钩的财政补助机制。各地区要综合考虑病死畜禽收集成本、设施建设成本和实际处理成本等因素，制定财政补助、收费等政策，确保无害化处理场所能够实现正常运营。将病死猪无害化处理补助范围由规模养殖场（区）扩大到生猪散养户。无害化处理设施建设用地要按照土地管理法律法规的规定，优先予以保障。无害化处理设施设备可以纳入农机购置补贴范围。从事病死畜禽无害化处理的，按规定享受国家有关税收优惠。将病死畜禽无害化处理作为保险理赔的前提条件，不能确认无害化处理的，保险机构不予赔偿。

六、加强宣传教育

各地区、各有关部门要向广大群众普及科学养殖和防疫知识，增强消费者的识别能力，宣传病死畜禽无害化处理的重要性和病死畜禽产品的危害性。要建立健全监督举报机制，鼓励群众和媒体对抛弃、收购、贩卖、屠宰、加工病死畜禽等违法行为进行监督和举报。

七、严厉打击违法犯罪行为

各地区、各有关部门要按照动物防疫法、食品安全法、畜禽规模养殖污染防治条例等法律法规，严肃查处随意抛弃病死畜禽、加工制售病死畜禽产品等违法犯罪行为。农业、食品监管等部门在调查抛弃、收购、贩卖、屠宰、加工病死畜禽案件时，要严格依照法定程序进行。加强行政执法与刑事司法的衔接，对涉嫌构成犯罪、依法需要追究刑事责任的，要及时移送公安机关，公安机关应依法立案侦查。对公安机关查扣的病死畜禽及其产品，在固定证据后，有关部门应及时组织做好无害化处理工作。

八、加强组织领导

地方各级人民政府要加强组织领导和统筹协调，明确各环节的监管部门，建立区域和部门联防联动机制，落实各项保障条件。切实加强基层监管力量，提升监管人员素质和执法水平。建立责任追究制，严肃追究失职渎职工作人员责任。各地区、各有关部门要及时研究解决工作中出现的新问题，确保病死畜禽无害化处理的各项要求落到实处。

内蒙古自治区农牧业厅关于印发
《内蒙古自治区 2015 年动物疫病免疫计划》的通知

内农牧医发〔2015〕18 号

各盟市农牧业局，满洲里市、二连浩特市农牧业局：

为切实做好 2015 年动物疫病免疫工作，全面落实国家和自治区中长期动物疫病防治规划，根据《中华人民共和国动物防疫法》和《内蒙古自治区动物防疫条例》有关规定，结合我区实际，制订《内蒙古自治区 2015 年动物疫病免疫计划》，对口蹄疫、高致病性禽流感、布病、高致病性猪蓝耳病、猪瘟等 5 种动物疫病实行强制免疫，对鸡新城疫、小反刍兽疫、炭疽病、狂犬病、羊痘、羊快疫、羊肠毒血症、羊猝狙等 8 种动物疫病实行计划免疫。现印发给你们，请遵照执行。

内蒙古自治区农牧业厅

2015 年 1 月 29 日

内蒙古自治区 2015 年动物疫病免疫计划

一、总体要求

群体免疫密度常年维持在 90% 以上，其中应免畜禽免疫密度要达到 100%，免疫抗体合格率全年保持在 70% 以上。

二、组织实施

（一）制定实施方案。各地要按照自治区动物疫病免疫计划要求，结合本地实际，及时制定本辖区的免疫计划实施方案。

（二）组织免疫技术培训。自治区动物疫病预防控制中心在春、

秋两季集中免疫工作开展前组织免疫技术师资培训，各地要组织好苏木乡镇及嘎查村级防疫员免疫技术培训。免疫时要规范操作，按要求更换注射针头，做好各项消毒工作，防止在免疫操作中人为传播疫病和人员感染。

（三）建立免疫档案。对养殖户畜禽存栏、出栏及免疫等情况要有详细记录。特别要做好疫苗种类、生产厂家、生产批号等记录。做到苏木乡镇畜牧兽医站、基层防疫员、养殖场（户）有免疫记录，做到免疫记录与畜禽标识相符。

（四）实施免疫信息报告。对免疫情况实行月报制度，在春秋两季集中免疫期间，对免疫进展实行周报告制度，突发重大动物疫情对紧急免疫情况实行日报告制度。各地要明确专人负责免疫信息收集统计工作，及时报告自治区动物疫病预防控制中心。同时，要及时反馈免疫过程中发现的问题。

（五）规范疫苗管理。规范疫苗供应工作，加强存放、转运、使用等环节的管理，保证疫苗的质量；推行疫苗网络化实时管理，建立台账，登记造册；强化废弃疫苗的回收和无害化处理。

三、疫苗监管

自治区兽医局负责对自治区动物免疫所需疫苗的投标企业诚信记录进行审核，对疫苗的保存、运输、使用等环节冷链体系运行情况进行监管。

严禁任何单位和个人倒买倒卖国家和自治区动物疫病免疫疫苗。

四、监督检查

（一）针对免疫工作，研究细化责任，层层落实到人。对因免疫不到位引发动物疫情的，要严肃追究相关人员责任。对不履行强制免疫职责的单位和个人，要依法追究其责任。

（二）各级动物疫病预防控制机构要加强免疫效果监测，要按照《2015 年内蒙古自治区动物疫病监测与流行病学调查计划》要求，定期组织免疫效果监测与评价工作，对被抽检的养殖场（厂）、苏木乡镇或嘎查村存栏家畜（禽）群体抗体合格率未达到规定要求的，尽快进行加强免疫。自治区将根据不同时期的免疫情况组织随机抽检，并通报抽检结果。

（三）动物卫生监督机构出具检疫证明时，应严格核查调运畜禽的免疫情况，对调出旗县境的种畜禽或其他非屠宰畜禽，按规定在调运前 2 周进行一次加强免疫，对调运的种蛋和未达首免日龄的仔畜、雏禽，应标明其供体的免疫情况，未加强免疫或免疫情况不明的禁止调运。

（四）自治区兽医工作定点联系督查组要及时掌握所联系区域的免疫工作进展，定期进行督促检查。各地也要加大督查指导力度，确保免疫工作落实到位。

（五）各级兽医主管部门对辖区内的动物疫病免疫副反应发生情况、免疫抗体水平不达标情况和免疫失败情况要及时进行调查处理。

五、其　他

各盟市兽医主管部门要根据本行政区域内动物疫病流行情况增加实施计划免疫的动物疫病病种和区域，报本级人民政府批准后执行，并报自治区兽医局备案。

自治区农牧业厅将根据动物疫病发生与发展状况，必要时调整本计划。

附件：1. 口蹄疫免疫计划

2. 高致病性禽流感免疫计划

3. 布鲁氏菌病免疫计划

4. 高致病性猪蓝耳病免疫计划

5. 猪瘟免疫计划

6. 鸡新城疫免疫计划

7. 小反刍兽疫免疫计划

8. 炭疽病免疫计划

9. 狂犬病免疫计划

10. 绵羊痘、山羊痘免疫计划

11. 羊快疫、羊肠毒血症、羊猝狙免疫计

附件 1：

口蹄疫免疫计划

一、要　求

对所有猪使用 O 型灭活类疫苗进行强制免疫；对所有羊使用口蹄疫 O 型—亚洲 I 型二价灭活疫苗进行强制免疫；对所有牛、骆驼、鹿及 19 个边境旗县的羊使用口蹄疫 O 型—亚洲 I 型—A 型三价灭活疫苗强制免疫。

规模养殖场和种畜按下述推荐免疫程序进行免疫，散养家畜在春秋两季各实施一次集中免疫，对新补栏的家畜要及时补免。

二、免疫程序

1. 规模养殖家畜和种畜免疫

仔猪、羔羊：28～35 日龄时进行初免。

犊牛：90 日龄左右进行初免。

所有新生家畜初免后，间隔 1 个月后进行一次加强免疫，以后每隔 4～6 个月免疫一次。

2. 散养家畜免疫

春、秋两季对所有易感家畜进行一次集中免疫，并定期补免。有条件的地方可参照规模养殖家畜和种畜的免疫程序进行免疫。

3. 奶牛免疫

奶牛一年免疫三次。各地结合本地区实际，排出免疫时间表，分片包干，责任到人，保证做到三次免疫。

三、紧急免疫

发生疫情时，对疫区、受威胁区域的全部易感家畜进行一次加强免疫。边境地区受到境外疫情威胁时，要对距边境线 30 千米以内

的所有易感家畜进行一次加强免疫。最近 1 个月内已免疫的家畜可以不进行加强免疫。

四、使用疫苗种类

猪口蹄疫 O 型合成肽灭活疫苗，猪口蹄疫 O 型灭活疫苗，口蹄疫 O 型—亚洲 I 型双价灭活疫苗，口蹄疫 O 型—亚洲 I 型—A 型三价灭活疫苗。

五、免疫方法

各种疫苗免疫接种方法及剂量按相关产品说明书规定操作。

附件 2：

高致病性禽流感免疫计划

一、要　求

对所有鸡、水禽（鸭、鹅）和人工饲养的鹌鹑、鸽子等禽只进行高致病性禽流感强制免疫。

对进口国有要求且防疫条件好的出口企业，以及提供研究和疫苗生产用途的家禽，报经自治区兽医主管部门批准后，可以不实施免疫。

二、免疫程序

规模养殖场可按下述推荐免疫程序进行免疫，对散养家禽在春秋两季各实施一次集中免疫，每月对新补栏的家禽及时补免。

1. 种鸡、蛋鸡免疫

雏鸡 7 ～ 14 日龄时，用 H5N1 亚型禽流感灭活疫苗或禽流感—新城疫重组二联活疫苗进行初免。在 3 ～ 4 周后可再进行一次加强免疫。开产前再用 H5N1 亚型禽流感灭活疫苗进行加强免疫，以后根据免疫抗体检测结果，每隔 4 ～ 6 个月用 H5N1 亚型禽流感灭活疫苗免疫一次。

2. 商品代肉鸡免疫

7 ～ 14 日龄时，用 H5N1 亚型禽流感灭活疫苗或禽流感 – 新城疫重组二联活疫苗初免；2 周后，用禽流感 – 新城疫重组二联活疫苗加强免疫一次。

3. 种鸭、蛋鸭、种鹅、蛋鹅免疫

雏鸭或雏鹅 14 ～ 21 日龄时，用 H5N1 亚型禽流感灭活疫苗进行初免；间隔 3 ～ 4 周，再用 H5N1 亚型禽流感灭活疫苗进行一次

加强免疫。以后根据免疫抗体检测结果，每隔 4 ～ 6 个月用 H5N1 亚型禽流感灭活疫苗免疫一次。

4. 商品肉鸭、肉鹅免疫

肉鸭 7 ～ 10 日龄时，用 H5N1 亚型禽流感灭活疫苗进行一次免疫即可。

肉鹅 7 ～ 10 日龄时，用 H5N1 亚型禽流感灭活疫苗进行初免；3 ～ 4 周后，再用 H5N1 亚型禽流感灭活疫苗进行一次加强免疫。

5. 散养禽免疫

春、秋两季用 H5N1 亚型禽流感灭活疫苗各进行一次集中全面免疫，定期补免。

6. 鹌鹑、鸽子等其他禽类免疫

根据饲养用途，参考鸡的相应免疫程序进行免疫。

三、紧急免疫

发生疫情时，要根据受威胁区家禽免疫抗体监测情况，对受威胁区域的所有家禽进行一次加强免疫；边境地区受到境外疫情威胁时，要对距边境 30 千米范围内所有家禽进行一次加强免疫。最近 1 个月内已免疫的家禽可以不进行加强免疫。

四、使用疫苗种类

禽流感—新城疫重组二联活疫苗（rLH5-5 株），重组禽流感病毒 H5 亚型二价灭活疫苗（H5N1，Re-6+Re-7 株），禽流感（H5+H9）二价灭活疫苗（H5N1，Re-6 株 +H9N2，Re-2 株）。

五、免疫方法

各种疫苗免疫接种方法及剂量按相关产品说明书规定操作。

附件 3：

布病免疫计划

一、要　求

免疫地区在 7—9 月实施集中强制灌服免疫。

年内计划申请达标考核验收的旗县停止牛羊免疫工作；经考核验收未通过的旗县继续实施免疫；已通过稳定控制标准验收的旗县停止免疫，实施检疫净化防控措施；达到控制标准的旗县免疫问题由当地盟市确定。

二、免疫程序

布病免疫地区要科学合理制定与监测（免疫 6 月以上和未免疫）相衔接的免疫计划，适时开展强制免疫。对新生和补栏的牛、羊及时免疫。

三、紧急免疫

发生疫情时，对疫点内所有健康牛和羊进行一次加强免疫。最近 1 个月内已免疫的牛和羊可以不进行加强免疫。

四、使用疫苗种类

布氏杆菌病活疫苗（S2 株）。

五、免疫方法

按产品说明书规定操作，逐头只灌服免疫。

附件 4：

高致病性猪蓝耳病免疫计划

一、要　求

对所有猪进行高致病性猪蓝耳病强制免疫。

二、免疫程序

规模养殖场按下述推荐免疫程序进行免疫，散养猪在春秋两季各实施一次集中免疫，对新补栏的猪要及时免疫。

1. 规模养猪场免疫

商品猪：使用灭活苗于断奶后初免，可根据实际情况在初免后1 个月加强免疫 1 次。

种母猪：使用灭活疫苗进行免疫。150 日龄前免疫程序同商品猪；以后每次配种前加强免疫 1 次。

种公猪：使用灭活疫苗进行免疫。70 日龄前免疫程序同商品猪，以后每隔 4 ～ 6 个月加强免疫 1 次。

2. 散养猪免疫

春、秋两季对所有猪使用灭活疫苗进行一次集中免疫，并定期补免。有条件的地方可参照规模养猪场的免疫程序进行免疫。

三、紧急免疫

发生疫情时，对疫区、受威胁区域的所有健康猪使用活疫苗进行一次加强免疫。最近 1 个月内已免疫的猪可以不进行加强免疫。

四、使用疫苗种类

高致病性猪蓝耳病灭活疫苗、高致病性猪蓝耳病弱毒疫苗。

五、免疫方法

各种疫苗免疫接种方法及剂量按相关产品说明书规定操作。

附件 5：

猪瘟免疫计划

一、要　求

对所有猪进行猪瘟强制免疫。

二、免疫程序

商品猪：25～35 日龄初免，60～70 日龄加强免疫一次。

种　猪：25～35 日龄初免，60～70 日龄加强免疫一次，以后每 4～6 个月免疫一次。

散养猪：每年春、秋两季集中免疫，并定期补免。

三、紧急免疫

发生疫情时对疫区和受威胁地区所有健康猪进行一次加强免疫。最近 1 个月内已免疫的猪可以不进行加强免疫。

四、使用疫苗种类

猪瘟活疫苗（传代细胞源）、猪瘟脾淋疫苗。

五、免疫方法

免疫接种方法及剂量按产品说明书规定操作。

附件6：

新城疫免疫计划

一、要 求

对所有鸡实施新城疫全面免疫。

二、免疫程序

1. 规模养鸡场免疫

种鸡、商品蛋鸡：1日龄时，用新城疫弱毒活疫苗初免；7～14日用新城疫弱毒活疫苗和（或）灭活疫苗进行免疫；12周龄用新城疫弱毒活疫苗和（或）新城疫灭活苗强化免疫，17～18周龄或产蛋前再用新城疫灭活疫苗免疫一次。开产后，根据免疫抗体检测情况进行疫苗免疫。

肉鸡：7～10日龄时，用新城疫弱毒活疫苗和（或）灭活疫苗初免，2周后，用新城疫弱毒活疫苗加强免疫一次。

各规模养鸡场结合本场实际情况，定期进行新城疫免疫抗体水平检测，根据检测结果适时调整免疫程序。

2. 散养户免疫

实行春秋两季集中免疫，每月定期补免。

三、紧急免疫

发生疫情时，要对疫区、受威胁区等高风险区域的所有鸡进行一次加强免疫。最近1个月内已免疫的鸡可以不进行加强免疫。

四、使用疫苗种类

新城疫弱毒活疫苗和灭活疫苗。

五、免疫方法

各种疫苗免疫接种方法及剂量按相关产品说明操作。

附件 7：

小反刍兽疫免疫计划

一、免疫范围

对新生和补栏的所有易感羊只进行免疫。

二、免疫程序

春季集中进行一次免疫。对新生羔 1 月龄时和新补栏羊只及时开展补免。

三、紧急免疫

发生疫情时，要对疫区、受威胁区所有易感羊只进行一次加强免疫。

四、使用疫苗种类

小反刍兽疫活疫苗。

五、免疫方法

具体免疫接种方法及剂量按相关产品说明操作。

附件 8：

炭疽病免疫计划

一、要　求

对 3 年内曾发生过疫情的地区，以苏木乡镇为单位，所有易感牲畜进行免疫。

二、免疫程序

每年春季集中进行一次免疫。

三、紧急免疫

发生疫情时，要对疫区、受威胁区所有易感牲畜进行一次加强免疫。

四、使用疫苗种类

Ⅱ号炭疽芽胞疫苗。

五、免疫方法

具体免疫接种方法及剂量按相关产品说明操作。

附件9：

狂犬病免疫计划

一、要　求

对所有犬实施狂犬病免疫，重点做好城镇、高发地区犬的免疫工作。

二、免疫程序

初生幼犬3月龄时进行初免，12月龄时进行第二次免疫，此后每年进行一次免疫。

三、紧急免疫

发生疫情时，要对疫区、受威胁区等高风险区域的所有犬进行一次加强免疫。最近1个月内已免疫的犬可以不进行加强免疫。

四、使用疫苗种类

狂犬病活疫苗。

五、免疫方法

免疫接种方法及剂量按相关产品说明操作。

附件 10：

羊痘免疫计划

一、要 求

对 3 年内曾发生过疫情的地区，以苏木乡镇为单位，所有易感羊进行免疫。

二、免疫程序

对新老疫区、受威胁区羊只，在春季集中进行一次山羊痘活疫苗免疫。一般可于 60 日龄前进行接种 1 次，以后每隔 12 个月加强免疫一次。

三、紧急免疫

发生疫情时，要对疫区、受威胁区等高风险区域的所有羊只进行一次加强免疫。最近 1 个月内已免疫的羊只可以不进行加强免疫。

四、使用疫苗种类

山羊痘活疫苗。

五、免疫方法

免疫接种方法及剂量按相关产品说明操作。

附件 11：

羊快疫、羊肠毒血症、羊猝狙免疫计划

一、要　　求

对 3 年内曾发生过疫情的地区，以苏木乡镇为单位，所有易感羊进行免疫。

二、免疫程序

对新老疫区、受威胁区羊只，在春秋季集中进行免疫，不论大小一律皮下或肌肉注射 5 mL/ 头，注射后 14 天产生免疫力。

三、紧急免疫

发生疫情时，要对疫区、受威胁区等高风险区域的所有羊只进行一次加强免疫。最近 1 个月内已免疫的羊只可以不进行加强免疫。

四、使用疫苗种类

羊三联四防干粉菌苗、羊五联菌苗。

五、免疫方法

免疫接种方法及剂量按相关产品说明操作。

附 录

附录 1　畜禽生理常数

畜别 项目	体温 （℃）	脉搏 （次/分）	呼吸 （次/分）	血压		
				最大压	最小压	脉压
马	37.5～38.5	26～42	8～16	100～120	35～50	65～70
骡	38.0～39.0	26～42	—	100～120	35～50	65～70
驴	37.5～38.5	42～54	—	—	—	80
牛	37.5～39.5	40～80	10～30	110～130	30～50	80
羊	38.0～40.0	70～80	12～20	100～120	50～65	50～55
骆驼	36.0～38.5	32～52	5～12	130～155	50～75	80
猪	38.0～40.0	60～80	10～20	—	30～40	90～100
犬	37.5～39.0	80～130	10～30	—	—	—
猫	38.0～39.5	110～130	20～30	—	—	—
兔	38.5～39.5	120～140	50～60	—	—	—
鸡	40.0～42.0	120～200	15～30	—	—	—
鸭	41.0～43.0	120～200	15～18	—	—	—
鹅	40.0～45.0	120～160	9～10	—	—	—

附录 2　家畜繁殖生理数据

畜别 项目	性成熟 （月）	经绝期 （年）	性季节	性周 （d）	兴奋期 （d）	产后 发情期 （d）	适当断 乳年龄 （周）	寿命 （年）	哺乳期 （周）
马	12～18	17～25	春夏秋	21～23	5～8	7～12	12～16	25～35	12～16
牛	8～12	15～20	6～9月	21	24～30	18～56	4～16	15～20	6～12
羊	6～8	8～9	夏秋冬	16～17	绵羊 24～30 h 山羊 24～48 h	性季节中	8～16	10～15	8～16
猪	3～8	6～8	全年	21	2～3	断乳后 3～5	4～9	12～16	4～8
兔	6～8	5	全年	15	3～6	产后发情	45	5	30
犬	7～10	8～10	春秋	12～14	10～14	—	4～6	—	—

附录 3　家畜妊娠期的变动范围

家畜种类	平均持续期（d）	极限期（d）	家畜种类	平均持续期（d）	极限期（d）
母马	340	307 ～ 412	驯鹿	225	195 ～ 245
母牛	285	340 ～ 311	牦牛	256	224 ～ 284
山羊	152	148 ～ 159	象	660	—
绵羊	150	146 ～ 157	犬	62	59 ～ 65
猪	114	110 ～ 140	猫	58	55 ～ 60
骆驼	400	377 ～ 423	家兔	30	28 ～ 33
驴	380	360 ～ 390	鸡貂	42	—
水牛	307	300 ～ 315	白貂	40	—

附录 4　母畜分娩有关的时间

时间 畜别	子宫颈口开张期（h）	产出期	胎衣排出期（h）	恶露排完期（d）
马	1 ～ 24	15 ～ 30 min	1/3 ～ 1	2 ～ 3
牛	1 ～ 12	0.5 ～ 4 h	2 ～ 8	10 ～ 12
羊	4 ～ 5	15 min ～ 2.5 h	0.5 ～ 2	绵羊 5 ～ 6 山羊 17 ～ 20
猪	2 ～ 6	每个胎儿产出时间相隔 1 ～ 30 min	10 ～ 60	2 ～ 3

附录5 畜牧兽医上几项指标的计算公式

一、发病率

发病头数对饲养头数的百分比。公式：发病头数/平均饲养头数×100＝发病率（%）

二、患病率

也称现患率，是指某特定时间内总畜禽中某病新旧病例所占的比例，通常用来表示病程较长的慢性病的发生情况。其计算公式为：

患病率（%）＝某期间某病的新旧病例数/该畜群同期平均数×100

三、治愈率

为治愈头次对发病头次的百分比。公式：治愈头次/发病头次×100＝治愈率（%）

四、死亡率

为饲养家畜总死亡头数对平均饲养家庭头数的百分比。公式：

总死亡头数/平均饲养家畜头数×100＝死亡率（%）

五、预防注射率

为预防注射头数对畜禽总头数的百分比。公式：

预防注射头数/畜禽总头数×100＝预防注射率（%）

六、妊娠率

经妊娠诊断确诊之妊娠头数对全群可繁殖母畜头数的百分式。公式：

妊娠诊断确定受胎数/全群可繁殖母畜头数×100＝妊娠率（%）

七、流产率

流产之母畜数对确定妊娠母畜数的百分比。公式：

流产母畜头数/确定妊娠母畜头数×100＝流产率（%）

八、产仔率

为安全产仔数对正常分娩母畜数之百分比。公式：

安全产仔数 / 正常分娩母畜数 ×100 ＝产仔率（％）

九、成活率

为断乳时（马 6 个月，牛 6 个月，羊 4 个月，猪 2 个月）的仔畜数对安全产仔畜数的百分比。公式：

断乳时的仔畜数 / 安全产仔畜数 ×100 ＝成活率（％）

十、育成率

为转入成畜群时（公母马 36 个月，公母牛 18 个月，公母羊 18 个月，公猪 12 个月，母猪 10 个月）之育成的畜数对断乳之幼畜数的百分比。公式：

转群时之育成畜数 / 断乳时之幼畜数 ×100 ＝育成率（％）

附录 6　防控工作实用明白卡

科右前旗疫控中心有家畜疫病防控工作中，采取了印制发放明白卡的方式进行科普宣传，收到了宣传群众、动员群众，做好防控工作的实际效果。

动物疫情明白卡

1. 什么是传染病？

凡是由病原微生物引起，具有一定的潜伏期和临床表现，并具有传染性的疾病，称为传染病。

2. 传染病流行过程的 3 个基本环节是什么？

一是传染源：病畜是最主要的传染来源；二是传播途径：病原体由传染源排出后，经一定的方式再侵入其他易感动物所经的途径称为传播途径。分直接传播（交配、舔咬等）和间接传播（通过传播媒介的传播如工具、饲草和水、土壤、空气等）；三是易感动物：病原微生物在其形成过程中对某种动物机体产生了适应性，即这些动物机体对其有了易感性。如牛口蹄疫只感染牛、羊、猪等动物，而不感染马、驴、骡等动物。只要 3 个基本环节，在同一环境同时存在，即构成传染病的流行。

3. 怎样切断三个环节，制止传染病的流行？

要针对传染病流行的三个基本环节，采取综合性的防疫措施：① 消灭传染源：通过扑杀病畜、销毁染疫动物及产品，地毯式消毒来消灭传染源。② 切断传播途径：对环境用具、畜体、蚊蝇等传播媒介的消毒来消灭传染源；经过检疫，禁止病畜的流动，切断动物疫病的传播途径。③ 保护易感动物：通过疫苗注射，使易感动物得

到免疫，调整饲养结构，改变饲养方式，加强饲养管理，控制动物疫病的发生。这3个环节同等重要，只有采取综合性的防病措施，才能取得更好的灭病效果。

4.发生什么样的传染病需要封锁？

凡发生一类疫病（是指对人畜危害严重、需采取紧急、严厉的强制预防、控制、扑灭措施的）；二类疫病（是指可造成重大经济损失，需要采取严格控制、扑灭措施，防止扩散的）时，当地县级以上地方人民政府畜牧兽医行政管理部门应当立即派人到现场，划定疫点、疫区、受威胁区，采取病科、调查疫源，及时报请同级人民政府决定对疫区实行封锁，将疫情等情况逐级上报国务院畜牧兽医行政管理部门。口蹄疫为一类疫病。

5.疫区内的群众应注意哪些事项？要配合畜牧部门落实好"五个强制"。

（1）是强制免疫：对易感动物不分年龄、性别、体质状况，必须100%免疫。

（2）是强制检疫：即对易感动物进行检疫，发现病畜按规定处理。

（3）是强制封锁：按封锁令要求封死疫区。停止牲畜、畜产品等物品的交易活动。

（4）是强制消毒：坚持按要求对场地、工具、出入车辆、人员、畜体进行消毒。

（5）是强制扑杀：对病畜100%地扑杀，并做无害化处理。

（6）要加强对牲畜的管理，任何牲畜都要圈养，禁止放牧、外出活动。

（7）人员要限制在自己家活动，禁止窜门、集会等形式的活动。

对于有病畜的户，更是要禁止人员出入。

6. 对经营疫区内易感染的产品怎样处理？

根据《动物防疫法》的规定，由动物防疫监督机构责令停止经营，立即采取有效措施收回已售出的动物、动物产品，没收违法所得和未售出的动物、动物产品；情节严重的，可以并处违法所得五倍以下的罚款。

7. 对瞒报、谎报或阻碍他人报告动物疫情的怎样处理？

根据《动物防疫法》的规定，单位瞒报、谎报或者阻碍他人报告动物疫情的，由动物防疫监督机构给予警告，并处二千元以上五千元以下的罚款；对负有直接责任的主管人员和其他直接责任人员，依法给予行政处分。

8. 对逃避检疫的怎样处理？

根据《中华人民共和国动物防疫法》的规定，逃避检疫，引起重大动物疫情，致使养殖业生产遭受重大损失或者严重危害人体健康的，依法追究刑事责任。

科尔沁右翼前旗"防五"指挥部

二〇〇五年七月十六日

口蹄疫防制明白卡

1. 什么是口蹄疫？

口蹄疫是由口蹄疫病毒引起的偶蹄兽的一种急性、热性、高度接触性传染病。人也能被感染发病。

2. 口蹄疫有几种类型？

口蹄疫病毒在世界上有 7 个主型：A、O、C、南非 1、2、3 型和亚洲 I 型。目前发现有 70 多个亚型。当前在我国流行的是 O 型和亚洲 I 型。

3. 哪些动物感染口蹄疫？

最易感的是黄牛和牦牛，其次是犏牛、水牛、骆驼、绵羊、山羊、猪等 40 多种动物均可被感染。

4. 流行特点和传播途径是什么？

传播速度快、发病率高、易感染牲畜种类多、易造成大流行是该病的流行特点。病畜是最主要的传染来源，可通过分泌物、排泄物、呼吸等多种方式扩散病毒。病毒可以直接接触和间接接触的方式而传播。易感染动物可通过消化道、呼吸道等途径而感染。

5. 口蹄疫病的症状是什么？

其主要症状是在口腔黏膜、蹄部和乳房、皮肤发生水疱和溃烂。病牛潜伏期平均 2～4 天，最长可达 1 周左右。病牛体温升高达 40～41℃，精神萎顿、食欲减退、闭口、流涎、开口时有吸吮声。1～2 天后，在唇内面、齿龈、舌面等部位发生蚕豆至核桃大的水泡。口温高，采食反刍停止。水疱破裂形成红色烂斑。同时在蹄及趾间的柔软皮肤上表现红、肿、疼痛、迅速发生水疱，并很快破溃，出现糜烂。如继发感染可化脓、坏死，病畜站立不稳、跛行、甚至

蹄匣脱落。猪、羊症状相似于牛。

6.口蹄疫病畜能不能治疗？

根据《中华人民共和国动物防疫法》《口蹄疫防制技术规程》的规定，凡是确诊为口蹄疫的病畜，不准治疗、一律扑杀后做无害化处理。对不执行封锁令的单位和个人，要追究刑事责任。

7.发生口蹄疫病疫情后应采取的防制措施是什么？

要落实"预防为主的方针"。在防制口蹄疫上要落实"五个强制"制度，即：强制免疫、强制检疫、强制封锁、强制消毒和强制扑杀；"两个强化"制度，即：强化疫情报告制度、强化疫情监测制度。

（1）凡发生疫情或疑似疫情都应就近向当地防检机构报告。确诊后立即采取相应的防制措施，并通知受威胁区注意防范。

（2）发生疫情后，畜牧行政部门立即向旗人民政府提出发布封锁疫区的命令，旗政府在24小时内做出决定，签发封锁命令，封锁疫区，封死疫点，设立临时消毒站，派员执勤，严禁人畜，畜产品及车辆出入，对必须出入的须经严格消毒。

（3）对疫区的易感动物进行全面检查，将病畜和可疑病畜隔离圈养集中扑杀。同时对病畜污染的场地、用具等进行彻底的消毒。

（4）紧急预防注射。选用同一型号的疫苗，对疫点、疫区和受威胁区的易感动物迅速开展预防注射。奶牛每年应免疫三次。

（5）疫情的解除，在最后一次病畜扑杀或预防注射后第21天，再不出现新病畜，经全面消毒及旗政府组织有关部门检查合格后，由旗政府下令解除封锁。

8.常用的消毒药物有哪些？

可佳、甲醛、灭杀王、火碱等。

9. 发生疫情后养畜户应注意哪些事项？

（1）积极配合畜牧部门搞好紧急预防工作、消毒工作、封锁工作和扑杀工作。

（2）牲畜一律圈养，停止一切集会，贸易活动。

科尔沁右翼前旗"防五"指挥部

二○○五年七月十二日

小反刍兽疫防制明白卡

小反刍兽疫，（又名小反刍兽伪牛瘟）是由小反刍兽疫病毒引起的一种急性病毒性传染病。主要感染小反刍动物，以发热、口炎、腹泻、肺炎为特征。OIE 将其列为 A 类疫病。我国规定为一类动物疫病。

1. 病原学

小反刍兽疫病毒属副黏病毒科麻疹病毒属。与牛瘟病毒有相似的物理化学及免疫学特性。

2. 流行病学

主要感染山羊、绵羊、羚羊、美国白尾鹿等小反刍动物，山羊发病比较严重。牛、猪等可以感染，但通常为亚临床经过。主要流行于非洲西部、中部和亚洲的部分地区。2007 年传入中国，2014 年传入内蒙古。

本病主要通过直接和间接接触传染或呼吸道飞沫传染。

本病的传染源主要为患病动物和隐性感染动物，处于亚临床型的病羊尤为危险。病畜的分泌物和排泄物均含有病毒。

3. 临床症状

小反刍兽疫潜伏期为 4～5 天，最长 21 天，自然发病仅见于山羊和绵羊。山羊发病严重，绵羊也偶有严重病例发生。一些康复山羊的唇部形成口疮样病变。急性型体温可上升至 41℃，并持续 3～5 天。感染动物烦躁不安，被毛无光，口鼻干燥，食欲减退。流黏液脓性鼻漏，呼出恶臭气体。在发热的前 4 天，口腔黏膜充血，广泛性损害、导致多涎，随后出现坏死性病灶，开始口腔黏膜出现小的粗糙的红色浅表坏死病灶，以后变成粉红色，感染部位包括下唇、下齿龈等处。严重病例可见坏死病灶波及齿龈、腭、颊部及舌头等处。后期出现带血水样腹泻，严重脱水，消瘦，随之体温下降。出现咳嗽、呼吸异常。发病率高达100%，在严重暴发时，死亡率为100%，在轻度发生时，死亡率不超过50%。幼年动物发病严重，死亡率高。

4. 病理变化

患畜可见结膜炎、坏死性口炎等肉眼病变，严重病例可蔓延到硬腭及咽喉部。皱胃常出现病变，而瘤胃、网胃、瓣胃很少出现病变，病变部常出现有规则、有轮廓的糜烂，创面红色、出血。肠可见糜烂或出血，尤其在结肠直肠结合处呈特征性线状出血或斑马样条纹。淋巴结肿大，脾有坏死性病变。在鼻甲、喉、气管等处有出血斑。

5. 防　控

严禁从存在本病的国家或地区引进相关动物。自新疆维吾尔自治区、甘肃、宁夏回族区、内蒙古发生疫情后，目前，相继在辽宁、湖南发生疫情；江西、江苏、安徽发现疑似疫情，我旗疫情防控形势严峻。根据旗政府的决定，2014年3月28日—4月17日期间，一律禁止从旗外调入活羊，向旗外调出活羊。适时对流行病学进行调查，及时上报调查结果。联系电话：0482-8398674

6. 处　理

一旦发生本病，应按《中华人民共和国动物防疫法》规定，采取紧急、强制性的控制和扑灭措施，扑杀患病和同群动物。疫区及受威胁区的动物进行紧急预防接种。

各动物饲养场、养殖小区、活畜收购贩运人员、屠宰加工企业应当做到：

（1）遵守《中华人民共和国食品安全法》《中华人民共和国动物防疫法》《中华人民共和国农产品质量安全法》《兽药管理条例》等法律法规及政策，不断强化企业法人是动物疫病防控、畜产品质量安全第一责任人的意识。

（2）动物在离开饲养场、养殖小区之前，场方应当按规定时限向当地畜牧兽医站或旗动物卫生监督所申报检疫。

（3）购进种用乳用动物须经自治区动物卫生监督所批准和备案。引进前必须向旗畜牧业局报告，经出售动物所在地县级动物卫生监督机构的官方兽医检疫合格，取得《动物检疫合格证明》后方可引进，并在到达目的地后 24 小时内报告当地畜牧兽医站，当地畜牧兽医站要按规定进行处理。动物引进后必须经过隔离观察后方可混群饲养，隔离观察不合格的，按照有关规定进行处理；严禁从疫病高风险区域向我旗调运动物。

（4）对不明原因死畜和临床可疑畜及时报告当地苏木乡镇（场）畜牧兽医站，以便检测、确诊。

（5）定期对圈舍、运输车辆等环境用具进行消毒，严禁互相串换种畜。

（6）严禁在饲料中添加"瘦肉精""三聚氰胺"等违禁品或添加有毒有害化学物质，并积极配合防疫员做好畜禽的免疫工作。

（7）屠宰加企业要严格执行凭动物检疫合格证明收购、屠宰畜禽规定，没有动物检疫合格证明的不得收购、屠宰。

（8）及时隔离发病畜禽，对病死畜禽及其产品要进行无害化处理。严禁将病死畜禽出售、丢弃或作为饲料再利用。

（9）动物饲养场、养殖小区要建立养殖档案，屠宰加企业要做好屠畜记录登记。建立动物及动物产品质量可追溯机制。

布鲁氏菌病防制明白卡

1. 什么是布鲁氏菌病？

布鲁氏菌病（以下简称布病），是由布鲁氏菌引起的人畜共患传染病。《中华人民共和国传染病防治法》规定为乙类传染病。人以长期发热、多汗、关节痛、肝脾肿大、睾丸炎、卵巢炎为特征。急性期布氏杆菌病其临床表现似重感冒，痛剧者似风湿；慢性期其临床症状类似神经官能症，对人危害极大。动物的症状以流产为主，是人的主要传染来源。

2. 布病的病原菌在哪里？

病畜的流产物、阴道分泌物、乳汁、肉类、皮毛、尿、粪便及污染的土壤、水、饲料等均含有布鲁氏菌。其中流产物、阴道分泌物食含菌量最高，是人的主要传播来源。

3. 人是如何患上布病的？

（1）皮肤黏膜接触感染：兽医、饲养放牧人员、屠宰等职业人群接触病畜的分泌物、流产物、内脏等容易感染布病。其中，在牛、羊的生产过程中（产羔、产犊）最容易感染布病。

（2）通过消化道感染：食用病畜的生奶、奶制品、生肉、未煮熟的肉或被病源污染的饮水和食品均易感染布病。

（3）通过呼吸道感染：畜产品收购和加工人员也容易感染布病。

（4）布病的传播是多途经的，不明原因发病的人也有。

4. 如何预防控制布病？

防治原则是"内免内处，综合防治"

（1）消灭传染源。对疫区内的牛羊进行布病检测，对检出的病畜一律扑杀，进行无害化处理。布病牲畜流产物污染的场地进行严

格消毒。

（2）切断传播途径。购买牲畜，应当向旗动物卫生监督所申报检疫，经检疫合格凭动物运输检疫合格证明方可购买。

（3）用布病苗免疫动物是控制布病的最有效方法，布病检疫阴性的牲畜必须用布鲁氏菌苗灌服免疫，免疫后停止采食和饮水2个小时，免疫效果更好。

（4）做好个人防护。①饲养牲畜要圈养。②人畜分居。③严禁在住房内产羔和育羔。④接羔助产人员要戴胶手套，使用后的胶手套必须经消毒后方能重复使用。

5. 不幸患上布病怎么办？

如果怀疑自己或者家人患上布病，不必担惊受怕，及时去疾病控制中心和正规医院就诊，及时治疗，防止布病由急性转为慢性，在急性期治疗效果最好。另外，本病在人和人之间一般不会传染，患者不必担心将病原体传播给其他人。

疫情举报电话

人间布病　科右前旗疾控中心（电话，略）

畜间布病　科右前旗动物疫病预防控制中心（电话，略）

科尔沁右翼前旗卫生局

科尔沁右翼前旗畜牧业局　印制

布病防制知识

1. 什么是布病?

布鲁氏菌病，简称布病，是一种人畜共患病，为国家乙类传染病。布病在牛羊猪等多种家畜和野生动物中互相传播，且都可传染给人。

2. 布病的病原菌在哪里?

病畜的流产物、阴道分泌物、乳汁、肉类、皮毛、尿、粪便及污染的土壤、水、饲料等均含有布鲁氏菌。其中，流产物、阴道分泌物含菌量最高，是主要传播来源。

3. 布病如何传播?

布病传播途径很多，主要经消化道、呼吸道、皮肤直接接触间接接触而感染。

4. 布病的潜伏期有多长? 布病的确诊机构是哪里?

布病的潜伏期一般为 1～3 周，最长的潜伏期可达数月。各级疾控中心是布病的确诊机构。患者应到指定的医疗机构确诊，切不可有病乱投医。

5. 什么样的人容易感染布病?

经常接触羊和牛的人就特别容易感染布病，主要包括放牧人员、接羔员、育羔员和皮毛、乳肉加工人员以及屠宰人员容易感染布病。

6. 得了布病有何症状?

布病症状颇似重感冒，主要表现为全身不适、乏力、食欲减退、肌肉或关节酸痛、头疼、失眠和大量出汗等。

7. 布病的危害有哪些?

人得了布病非常痛苦。布鲁氏菌可侵犯全身各个器官，造成器

质性病变或功能障碍。不及时进行有效治疗，反复发作，转为慢性，留下后遗症，造成终身残疾，丧失劳动力或死亡。但布病并不可怕，只要及时发现，及时诊断，及时治疗，是完全可以治愈的。

8. 人间布病如何预防？

不在室内产羔、养羔；不抱玩羊羔；在与动物接触时，必须穿工作服、戴口罩、戴帽子，尤其要戴乳胶手套，严禁接触牛羊流产物；牛羊肉和鲜奶必须熟后食用：切割生肉和熟肉的工具要分开，未经消毒不能混用。

9. 畜间布病如何预防？

一是消灭传染源。对疫区内的牛羊进行布病检测，对检出的病畜一律扑杀，进行无害化处理。布病牲畜污染的场地进行严格消毒。二是切断传播途径。购买牲畜，应当向动物卫生监督所申报检疫，经检疫合格，凭动物运输检疫合格证明方可购买运输。三是用布病疫苗免疫动物是控制布病最有效的方法，免疫后 2 小时内禁止采食和饮水，免疫效果更好。

10. 得了布病如何治疗？

布鲁氏菌病是完全可以治愈的。如果确诊自己得了布病，到正规医院及时就诊，规范治疗。要严格按照医嘱，足疗程、足剂量服药，这样才能保证在有效消灭体内的全部布氏杆菌。

11. 如何向身边的朋友宣传布病防控知识？

戴手套、戴口罩、洗手都是一些简便易行的防病方法，我们在加强自身防护的同时，如果能把这些防护知识告诉身边的人，也可降低身边亲朋好友感染布病的风险。帮助亲朋好友维系健康，这其实是对他们最好的关爱。

12. 布病的治疗效果如何？

有的人谈布色变，其实这大可不必。布病是一种可防、可控、可治的疾病，只要早发现、早诊断、早治疗，布病完全可以治愈。

科尔沁右翼前旗卫生局

科尔沁右翼前旗畜牧业局　印制

炭疽病防制明白卡

1. 什么是炭疽?

炭疽是由炭疽杆菌引起的一种人畜共患传染病。我国将其列为二类动物疫病。牛、羊、猪、犬等家畜极易受感染。本病呈地方性流行。多发生在吸血昆虫滋生季节、洪水泛滥之后。

2. 炭疽的主要传染源?

患病动物和因炭疽而死亡的动物尸体以及污染的土壤、草地、水、饲料都是本病的主要传染源,炭疽芽孢对环境具有很强的抵抗力,其污染的土壤、水源及场地可形成持久性疫源地。

3. 炭疽主要途径有哪些?

本病主要经消化道、呼吸道和皮肤感染。

4. 动物炭疽的临床症状有哪些?

本病主要呈急性经过,多以突然死亡、口腔、鼻腔、肛门等出血、尸僵不全为特征。

5. 人感染炭疽的主要原因有哪些?

人由于接触因炭疽而死亡的动物尸体、皮张以及污染物,特别是扒皮,食用病死畜肉造成感染。可经皮肤黏膜感染、呼吸道感染、经消化道感染。

6. 人得了炭疽主要有哪些症状?

皮肤炭疽:多发生于暴露的皮肤,如面、颈、肩、上下肢等。皮肤出现疱疹破溃后形成黑色结痂,全身症状有发热、肌痛、头疼。

肺型炭疽:通常发病较急,低热,干咳,身痛,乏力等感冒症状,经 2 ～ 4 天后症状加重,出现高热,咳嗽,血痰,伴发胸痛,呼吸困难等症状。

肠型炭疽：起病为剧烈腹痛、腹泻、呕吐，水样便。严重者继发高热，血便。

凡接触过病死畜，特别是扒皮，食用病死畜肉并发现有上述症状的人员必须立即到医院就诊。

7. 炭疽如何预防？

炭疽可防可控，在炭疽病疫区每年必须对所有易感动物接种疫苗。

8. 如果遇到发病人和病死畜怎么办？

任何单位和个人严禁出售和收购病死畜。做到"五不准、一报告、一处理"，即不买、不卖、不杀、不接触、不吃病死畜；上报疫情；由兽医人员对病死畜进行无害化处理。造成疫情扩散、触犯刑律的由司法机关追究刑事责任。

如果遇到病死畜，应及时报告。

旗动物卫生监督所（电话，略）

旗动物疫病预防控制中心（电话，略）

科尔沁右翼前旗畜牧业局

二〇一四年三月

重大动物疫病防制明白卡

1. 国家规定哪些动物疫病属强制免疫病种？

目前，国家纳入强制免疫的病种有高致病性禽流感、口蹄疫、高致病性猪蓝耳病、猪瘟、鸡新城疫5种，2009年内蒙古自治区人民政府将布病列为自治区强制免疫病种。

2. 动物疫病防疫注射时间如何安排？

重大动物疫病防疫实行一年两季（春防、秋防）集中免疫和常年补针制度。时间为：春防3—月5集中免疫；秋防：9—11月集中免疫。

除春秋两季集中免疫外，新补栏的畜禽应报告防疫员补免。

3. 动物疫病免疫内容

（1）猪：口蹄疫、蓝耳病、猪瘟春秋两季各免疫一次。

（2）羊：口蹄疫春秋两季各免疫一次，布病每年免疫一次。

（3）牛：口蹄疫O型—亚洲I型双价苗、A型苗每年免疫三次，布病每年免疫一次；

（4）禽：禽流感、鸡新城疫春秋两季各免疫一次。

4. 畜禽免疫

21天后采样监测，抗体合格率达不到规定要求时，必须进行加强免疫。

5. 畜主不接受防疫导致免疫工作不到将会产生什么法律后果？

《中华人民共和国动物防疫法》第十四条规定：

饲养、经营动物和生产、经营动物产品的单位和个人，应当依照本法和国家有关规定做好动物疫病的计划免疫、预防及抗体检测工作，并接受动物防疫监督机构的监督。因不接受防疫造成疫情扩

散、传播，给他人造成严重损失的，当事人应当对受害者给予赔偿，触犯刑律的由司法机关追究刑事责任。

6.集中免疫、补免和申报免疫有什么不同？

集中免疫就是对国家规定强制免疫的病种，由动物防疫机构和防疫人员有组织有计划进行普遍免疫，做到村不漏组，组不漏户、户不漏圈，圈不漏畜、畜不漏针、针不漏量。补免就是规定免疫病种，在集中免疫时因其原因（如病、怀孕、新补栏（笼）等畜禽）未进行免疫的，而后进行的免疫。申报免疫，就是饲养单位和个人，对自己所养牲畜按照《动物防疫法》主动向防疫机构和防疫人员申报免疫。目前，我盟实行的是春、秋两季集中免疫和常年补针制度。在春秋两季集中免疫后因故未免疫和新补栏的畜禽，农户应当主动向包村防疫员申报补免。

希望广大养殖农户积极配合乡村防疫员做好重大动物疫病防疫工作，避免因病死亡或扑杀造成的经济损失。养畜户在春秋集中防疫期间要对畜禽圈舍进行一次消毒灭源。平常对饲养场所也要定期消毒灭源，防止发生疫病。

欢迎养殖户对重大动物疫病预防工作给予监督。凡是村防疫员工作不到位的，可向以下单位举报或联系。

科右前旗动物疫病预防控制中心

农牧民的科学引路人

编者按 34年来，王明珠同志始终工作在畜牧业生产的第一线，积极投身于科普宣传工作，主持了防治动物寄生虫病、传染病、代谢病的试验项目和推广工作，解决了在动物防病中的难题，在《中国兽医杂志》等8种学术刊物上发表学术论文25篇，其中，以王明珠为第一作者的有13篇。王明珠同志获得的主要奖项有：1991年在"七五期间推动科技进步"中，被盟委行政公署评选为先进个人；2007年在内蒙古自治区成立60周年大庆时，被盟委行政公署评选为"全盟劳动模范"；2011年在"科普惠农兴村计划"中，被中国科技学会和财政部评选为科普带头人；2012年10月28日，被中国兽医协会评选为10大"中国杰出兽医"，并获内蒙古自治区"农牧业丰收奖"一等奖和三等奖各一次。

王明珠于1959年出生在内蒙古自治区锡林郭勒大草原一个牧民家里，全家9口人，兄妹7人，他排行第二。王明珠小时，家庭生活十分困难，是在艰苦的环境中长大的，父母是勤劳、正直、纯朴的牧民，也是他的第一任老师。受父母的影响，王明珠从小就爱劳动、诚实守信、做事认真、助人为乐。王明珠出生在国家三年困难时期，成长在文化大革命时期，工作在改革开放时期。1977年，是邓小平的教育招生制度改革，给了他机会，改变了他的命运。这年经全国统一考试，王明珠考上了内蒙古锡林浩特牧业学校畜牧兽医

专业，于 1980 年 12 月毕业。同年，被分配到科右前旗兽医工作站上班。由于喜欢这个专业，所以王明珠就一直工作在这个岗位，这一干就是 34 年。在工作中王明珠深深感受到知识的不足，于 1988 年经成人高考，考上了通辽畜牧学院，于 1991 年 8 月专科毕业。1997 年 9 月他在内蒙古农牧学院动物医学系兽医专业班学习，并获本科学业证书，王明珠同志于 1985 年加入中国共产党，1992 年晋中级兽医师，2001 年晋高级兽医师，2012 年考取了国家执业兽医师资格证书。他的成长过程就是与动物疫病斗争的过程。王明珠尽力做到学习与兴趣相结合，知识与善良相结合，能力与实干相结合，诚实与美德相结合。

王明珠的家乡位于大兴安岭南麓，面积 1.7 万平方千米，人口 42 万，大小牲畜存栏 320 万头（只、口）。畜牧业是牧民的支柱产业，20 世纪 80 年代初，寄生虫病危害严重，在一只羊体内检出肝片吸虫、绦虫、线虫、外寄生虫是常有的事，因此造成的牛羊死亡率高达 5% ~ 25%。王明珠经过多次进行流行病学、临床症状调查，发现本地区每年 3—5 月的羊死亡是由多种寄生虫混合感染造成的，而当时最好的驱虫药物四咪唑，只对线虫有效，随着丙硫苯咪唑的出现，拉开了防治寄生虫的序幕。王明珠主动和药厂联系，于 1984 年开始进行本药物的药效试验，并撰写了《应用丙硫苯咪唑驱除绵羊寄生虫效果好》的试验报告，发表于《内蒙古畜牧业》1985 年第六册。本试验为防治吸虫、绦虫、线虫、绦虫蚴病确定了药源、用药剂量和方法。当时只有这一种广谱驱虫药，多年来大面积推广应用，成为最受牧民欢迎的药物。同一类型的论文《谈绵羊螨虫病的流行与防治》发表于《当代畜禽养殖业》。随着草牧场"双权一制"的落实，家庭牧场大批出现，这一体制上的改革，对动物疫病的防治也提出了新的要求，王明珠经过多次下乡调研，于 1999 年在《中国兽医杂志》上发表了《羊病的程序化防治模式初探》一文，对羊的传染病、寄生虫病和代谢病的防治提出了防病种类、时间和方法的建议，确保了动物的健康。

当时，羊的 3 种绦虫蚴病（棘球蚴病、多头蚴病、细颈尾蚴病）也十分严重，每年都会造成羊的大量死亡。病原是寄生在犬小肠内的 3 种绦虫，这 3 种绦虫会在犬和羊之间循环感染。羊多头蚴病病死率达 8%，羊棘蚴病死亡率达 10% ～ 30%。1982 年 3 月王明珠开始应用氢溴酸槟榔碱驱犬绦虫预防羊绦虫蚴病试验，试验结果掌握了犬 3 种绦虫的感染率，犬驱绦后羊多头蚴病比犬驱绦前下降了 1.41%，论文《应用氢溴酸槟榔碱驱犬绦虫》的试验报告发表于 1985 年的《内蒙古畜牧业》。棘球蚴病是人兽共患病，被称为人的"第二肝癌"，王明珠进行的试验需要直接与病原体接触，被感染的危险很大，他顶着压力，完成了试验任务，为防治该病找到了新的方法。

还有一种人兽共患病是猪囊尾蚴病，该病可在人与猪之间循环传染，猪囊虫病的感染率为 10% ～ 30%，发病猪是由绦虫病患者引起的，谁是绦虫病人谁自己知道，但就是不承认自己有绦虫。王明珠为了找出绦虫病患者，对每户每人进行分析排查，向群众讲解本病的发病原因、症状和防治方法，解除他们后顾之忧，找出发病患者，并进行驱虫。几年来王明珠免费为 51 人驱虫，驱下绦虫 30 条，消灭了本病的传染源，解决了老百姓的这一心病。王明珠同志还与南京军区军事医学研究所和天津市实验动物中心联合进行猪囊虫基因苗和细胞苗推广试验的开发研究，同时落实"猪圈养、人入厕"的综合性防治措施，经过 5 年的努力，取得了猪无发病的成就。论

文《兴安盟科右前旗猪囊虫病综合防治技术》发表于 2004 年的《中国兽医寄生虫病》杂志上，论文《猪囊尾蚴细胞苗的区域试验研究》发表于 2001 年的《天津农学院学报》，论文《猪囊虫病基因苗的区域试验》发表在 2001 年的《中国人畜共患病杂志》上。王明珠还和中国疾病预防控制中心寄生虫病预防控制所、吉林农业大学、卫生部科技教育司、人民卫生电子音像出版社联合录制了《谨防绦虫病囊虫病》的 DVD 光盘。该光盘简要介绍了猪带绦虫的形态、生活史、防治等知识，被国家定为卫生部医学视听教材。

动物传染病的防治是王明珠同志最用心、最重视的工作。王明珠家乡常见的动物传染病有炭疽病、布鲁氏菌病、羊痘、马传染性贫血、猪"三病"等。30 多年来，王明珠多次负责扑灭畜禽传染病疫情，每次都是第一时间到疫点进行流行病学、临床症状调查，及时进行确诊并落实扑灭措施，同时不断总结。论文《马传贫的诊断与防治》《布鲁氏杆菌病的综合防治》《羊传染性脓疱的流行与防治》《绵羊痘病的发生与防治》《牛巴氏杆菌病病例》均发表于《中国兽医杂志》。这些论文的发表，是对本地传染病流行与防治的总结，也做到了知识共享。在几十年的动物防病中，王明珠对畜禽传染病的防治进行了认真的研究，依据不同病原体的特点制订了不同的防病程序，防病效果很好。

在中毒方面，王明珠进行了牛栎树叶人工饲喂发病试验，证明了他家乡部分地区每年 5—6 月发生的牛病，是牛因采食栎树叶而引起的中毒病，为几十年来困扰百姓的疫病提供了科学的防治方法。

多年来，王明珠对专业技术知识毫无保留，并能用最朴实、通俗的语言讲解专业知识。2006 年 6 月，王明珠被内蒙古自治区科尔

沁右翼前旗聘为"12396"热线服务专家，多次为农牧民解答在畜牧业生产中存在的问题。2008年来，多次被盟科技局聘请做视频讲座，听讲人遍及全盟。在科学技术"三下乡"活动中，王明珠多次在乌兰毛都、额尔格图、归流河、树木沟等地给基层兽医工作者和广大农牧民讲授动物防病治病知识。为方便广大兽医工作者学习，把家畜疫病防治知识刻录成录音和科件光盘，下发到他们手中。

多年来，王明珠一直坚持学习专业技术知识和畜牧业生产实践相结合，解决现实问题。主动和大专院校、科研院所联合开展科研项目，引进新的知识和技术，解决了在动物防病中存在的技术难题，填补了多项技术空白，对动物传染病和寄生虫病防治技术的推广起到了重要作用。目前，王明珠同志已经成长为一名科技带头人。

（本文发表在《中国兽医师》2013年第3期，
作者：中国兽医协会）

走近王明珠

因编辑《内蒙古自治区科尔沁右翼前旗家畜常见疫病防控指南》一书，有机会认识王明珠并与他有了近距离接触，给我留下了深刻的印象。王明珠很普通，他在与农牧民打交道的过程中特别随和、亲切，农牧民与他交往、找他办事，没有任何顾虑和障碍，就像是亲戚、朋友和邻居一样；王明珠又很不普通，他是科尔沁右翼前旗动物疫病预防控制中心主任，高级兽医师，还有"中国杰出兽医"，"全国科普惠农兴村"带头人的头衔，是兴安盟"12396"热线服务专家。当地农牧民称他是草原人民发展畜牧业的"守护神""科学引路人"，是深受农牧民欢迎的基层科技工作者。

他把根扎在科尔沁草原。出生在锡盟草原的他，1977年参加高考选择了畜牧兽医专业。1980年毕业后他被分配到兴安盟科尔沁右翼前旗畜牧兽医工作站，从那时起他一直从事着他热爱的畜牧兽医科技推广工作。36年，他努力在为发展草原畜牧业，推动当地畜牧业经济，增加农牧民收入的一线默默无闻地贡献着。他身边的同事提拔了一批又一批、换了一茬又一茬，他始终工作在走百村入万户的科尔沁草原家畜疫病防控一线。时间改变了他的容颜，奋斗了36个春秋、额头增添了许多皱纹；坚守了36个冬夏、青丝染上了一片霜花。岁月却始终没有改变他吃苦耐劳、勤于务实的工作态度，甘愿寂寞、无怨无悔的奉献精神，他已经把根深深地扎在了科尔沁草原。

他把汗水洒在科尔沁草原。作为一名家畜疫病防控工作者，他深知每一头家畜对于农牧民来说都寄托着增加收入的希望和期盼，他也深感自己肩负的责任重大。他始终把做好家畜疫病防控作为服务农牧民、服务畜牧业的职责，投入全身心的精力搞好基层动物防控工作。面对国内外禽流感、猪链球菌病、寄生虫等重大动物疫情的威胁，特别是在区内外和周边旗县发生重大动物疫情的严峻形势下，他起早贪黑，努力工作，不仅对面上的防疫工作周密部署，认真督查，全面抓好动物的免疫工作，而且在突发动物疫情时，不论严冬和酷暑，不论路途遥远，总是第一个到达现场，安排扑灭动物疫情，将疫情控制在最小范围内并在最短的时间内扑灭。每次免疫密度均达到或超过了规定的指标，多年来未发生重大动物疫病，为保障全旗农牧经济的平稳发展做出了贡献，为科尔沁草原畜牧业的发展付出了辛勤的汗水。

他把论文写在科尔沁草原。王明珠工作在基层一线，眼界却紧盯事业前沿，多年来他与科研单位和农牧高校合作，引进畜牧业新技术，解决了当地畜牧业发展中的许多难题。工作中他努力做一名有心人，不断探索、不断总结、不断把科研成果运用到家畜疫病防控中。书中收录的论文就是他和他的团队在草原畜牧业生产一线，积极投身科普宣传工作，主持防治动物寄生虫病、传染病、代谢病的试验项目和推广工作，解决动物防病中的难题的经验和总结。每一篇论文的背后都有一个令人难忘的故事，每个故事都和农牧民家畜养殖业的安全息息相关。论文中的每个数据、每段文字，就像他的足迹一样，深深地印在草原上、印在通向畜群的道路上。

《内蒙古自治区科尔沁右翼前旗家畜常见疫病防控指南》一书编辑完稿之时，正是草原上一年一度收获的季节。对即将退休的王明珠来说，这本书却是用他36年的经历、经验换来的收获，写出来是

给一线工作的后来人作为参考，让他们少走弯路。他希望他的点滴经验继续发挥作用，更希望草原年年茂盛、畜牧业岁岁兴旺。

王明珠就是这样的人，人如其名，像一颗明珠，在科尔沁草原、在家畜疫病防控岗位上、在农牧民的心里闪闪发光。

（执笔：徐文卓）

编 后 语

作为一名基层家畜疫病防控人员，为之奋斗和期盼的是畜牧业年年喜获丰收，是草原人民过上小康生活。在 2015 年草原上绿草茵茵、牛羊肥壮的丰收季节里，我们又有了一个新的收获——《内蒙古自治区科尔沁右翼前旗家畜常见疫病防控指南》一书终于编辑完成了。看到 30 多年在家畜疫病防控一线工作的点滴成果、经验汇集成书，多少天灯下伏案工作的疲倦消退了、熬红了的双眼也有了笑意。特别是想到这本书可以为基层家畜防控人员提供一点参考、为农牧民发展家畜养殖业提供一些帮助，心中有了更多的慰藉。

《内蒙古自治区科尔沁右翼前旗家畜常见疫病防控指南》一书是我和我的团队的共同劳动成果，书中凝结着同志们的汗水和心血。书中收录了不同时期、不同阶段，曾经和我并肩工作的同志们的论文，他们是于乌云、于春林、马春艳、马德海、王强、王悔、王懿、王巧玲、王永崇、王丽华、王喜民、白玉辉、白智明、包玉梅、冯辉、达林台、伊庆云、刘玉、刘学、刘锋、刘日宽、刘文明、刘俊杰、刘爱玲、刘德惠、孙立华、孙永海、牟彬、李向军、李庆锋、李靓如、吴莲英、余家富、宋德岭、张京、张涛、张中庸、张志军、张瑞庭、陈伟琴、陈希地、陈青龙、陈香梅、青龙、其木格、周宗安、赵坤、祝瑞珍、格日乐、顾嘉寿、徐淑云、栾维民、高广彬、唐雨德、唐崇惕、陶特格、常塔娜、董海山、董静杰、韩永林、曾庆洋、谢巴根、路春光、褚永胜、霍金山、魏玉涛等，在此一并表示感谢。特别是王保良、白福成、孙广富、张顺、唐仲璋、赵景林、

顾志香、赛音夫共 8 位同志已经相继离世，此书的出版也是向他们表达的崇高敬意。

《内蒙古自治区科尔沁右翼前旗家畜常见疫病防控指南》的编写对我来说是一项全新的工作，是一次新的尝试。编书的过程让我对36 年的防疫工作进行了一次梳理、一次归纳、一次总结，书中所整理的内容有很强的地域特点，也充分考虑了基层疫病防控工作者适用的方法和做法、实用的措施和手段。严格讲，本书缺少知识的系统性和编写的逻辑性，书的内容也一定有很多不尽人意的地方，恳请读者提出宝贵的意见和建议。

王明珠

2015 年 7 月于科尔沁镇